Neues Pharmazeutisches Manual.

Herausgegeben

von

Eugen Dieterich.

Neunte, vermehrte und verbesserte Auflage.

748 Seiten Lex.-8°.

Mit in den Text gedruckten Holzschnitten.

In Moleskin gebunden Preis M. 16,--,
mit Schreibpapier durchschossen und in Moleskin gebunden M. 18,—.

Auch in 14 Lieferungen zum Preise von je M. 1,— erhältlich.

Zu beziehen durch jede Buchhandlung.

Helfenberger Annalen 1905.

Band XVIII.

Im Auftrage der

Chemischen Fabrik Helfenberg A. G.

vorm. Eugen Dieterich

herausgegeben von

KARL DIETERICH.

Springer-Verlag Berlin Heidelberg GmbH 1906

ISBN 978-3-662-32078-5   ISBN 978-3-662-32905-4 (eBook)
DOI 10.1007/978-3-662-32905-4

VORWORT.

Für den diesjährigen Band der Annalen war eigentlich beabsichtigt, alle Untersuchungsmethoden, wie sie sich hier zum Teil herausgebildet und wie sie hier täglich Anwendung finden, analog dem Jahrgang 1896 zu vereinigen und auch die Grenzwerte und Anforderungen anzufügen. Wir haben diese Absicht jedoch für das kommende Jahr aufgeschoben und zwar deshalb, weil mit dem Jahrgang 1906 das zweite Dezennium der Helfenberger Annalen seinen Abschluss findet. Während Eugen Dieterich die ersten zehn Jahre die Annalen herausgab, sind es im Jahre 1907 mit dem Jahrgang 1906 wiederum 10 Jahre, dass die Annalen, und zwar unter der Redaktion des Unterzeichneten, bestehen und — man darf es wohl sagen — eine stets freundliche und wohlwollende Aufnahme bei der Presse und den Fachgenossen gefunden haben. Dann ist es mit dem nächstjährigen Band und dem zwanzigjährigen Bestehen der Helfenberger Annalen Zeit, auch den Stand der Untersuchungsmethoden, Grenzwerte und Anforderungen erneut festzulegen. Wir beschränken uns also in diesem Jahre noch einmal darauf, nur die Methoden besonders zu kennzeichnen, welche eine Abänderung gegen früher erfahren haben.

Leider ist auch dieses Jahr wiederum von einer beinahe durchgängigen Verschlechterung der Drogen zu berichten. Nur in wenig Fällen ist eine Verbesserung zu konstatieren, wo wirklich scharfe Grenzwerte und Anforderungen gerechtfertigt sind. Auch die Preise der Rohmaterialien sind nicht immer zurückgegangen. Es ist nach wie vor auch bei Anlage höchster Preise schwierig, Prima-Ware in allen Fällen zu erhalten; wir erinnern an Ceresin, welches mit hohem Schmelzpunkt nur zu allerhöchsten Preisen gegenüber früheren Jahren gekauft werden kann, an die Schwierigkeit, probehaltiges Wachs zu erhalten, da meist nur noch Kunstwaben Verwendung finden, oder an Hühnereiweiss, das nur schwer und teuer in einer Form gekauft werden kann, welche ein gut lösliches Ferrum albuminatum gewährleistet.

Die im Berichtsjahre zu bewältigende Arbeit war wiederum sehr gross und zum Teil recht anregend, weil uns sehr viel ausländische Produkte und Ersatzmittel schon bekannter Rohmaterialien zur Begutachtung zugesandt wurden. Es ist natürlich nicht angängig, in allen Fällen hierüber zu berichten, da es sich zum Teil um Fabrikationsvorteile handelt.

In der Anlage der Tabellen sind wir einer Anregung der Presse gefolgt und haben z. B. bei Aether, Spiritus, Eisenliquores etc. nicht alle Einzeluntersuchungen in grossen Tabellen angeführt, sondern nur die Grenzwerte und Anzahl der ausgeführten Prüfungen. Es ist dadurch viel Platz gespart und die Uebersichtlichkeit erhöht worden.

Wie alle Jahre bin ich bei der Herausgabe der Annalen und der Leitung der wissenschaftlichen Abteilung der Fabrik von Herrn Hermann Mix unterstützt worden, dem wiederum als bewährte Mitarbeiter die Herren Apotheker Müller und Weinhagen zur Seite standen.

Helfenberg, Juni 1906.

Karl Dieterich.

Inhalts-Verzeichnis

siehe am Schluss.

Definitionen und Abkürzungen
der wichtigsten analytischen Zahlen - Konstanten.

a) für Harzkörper nach *K. Dieterich*.[*])

Definition
der

1. Säurezahl (direkt und durch Rücktitration bestimmt) = S.-Z. d. u. S.-Z. ind.: Die Anzahl Milligramme KOH, welche die freie Säure von 1 g Harz bei der direkten oder Rücktitration zu binden vermag.

2. Säurezahl (der flüchtigen Anteile) = S.-Z. f.: Die Anzahl Milligramme KOH, welche 500 g Destillat von 0,5 g Gummiharz (Ammoniacum, Galbanum), mit Wasserdämpfen abdestilliert, zu binden vermögen.

3. Verseifungszahl (auf heissem und kaltem Wege) = V.-Z. h. u. V.-Z. k.: Die Anzahl Milligramme KOH, welche 1 g Harz bei der Verseifung auf heissem oder kaltem Wege zu binden vermag.

4. Harzzahl = H.-Z.: Die Anzahl Milligramme KOH, welche 1 g gewisser Harze und Gummiharze bei der kalten fraktionierten Verseifung mit nur alkoholischer Lauge zu binden vermag.

5. Gesamt-Verseifungszahl (fraktionierte Verseifung) = G.-V.-Z.: Die Anzahl Milligramme KOH, welche 1 g gewisser Harze und Gummiharze bei der kalten fraktionierten Verseifung mit alkoholischer und wässeriger Lauge nacheinander behandelt in summa zu binden vermag.

6. Gummizahl = G.-Z.: Die Differenz von Gesamtverseifungs- und Harzzahl.

7. Esterzahl = E.-Z.: Die Differenz von Verseifungs- und Säurezahl.

8. Acetylzahl = A.-Z.: Die Differenz von Acetylverseifungs- und Acetylsäurezahl.

9. Carbonylzahl = C.-Z.: Die Prozente Carbonylsauerstoff der angewandten Substanz.

10. Methylzahl = M.-Z.: Die Menge Methyl, welche 1 g Harz ergibt.

Die Abkürzungen resp. die mit kleinen Buchstaben beigefügten Bezeichnungen, wie d. = direkt, ind. = indirekt (Rücktitration), k. = kalt, h. = heiss, f. = flüchtig werden in diesen Annalen durchgeführt, um diesen Bezeichnungen, welche sofort die angewendete Methode erkennen lassen, allgemeinen Eingang und Geltung zu verschaffen.

---

*) Aus dem allgemeinen Teil der „Analyse der Harze" von *K. Dieterich;* S. 52 u. 53.

Abkürzung für die:

 Säurezahl direkt bestimmt = S.-Z. d.
 Säurezahl durch Rücktitration bestimmt = S.-Z. ind.
 Säurezahl der flüchtigen Anteile = S.-Z. f.
 Esterzahl = E.-Z.
 Verseifungszahl heiss = V.-Z. h.
 Verseifungszahl kalt = V.-Z. k.
 Harzzahl = H.-Z
 Gesamt-Verseifungszahl = G.-V.-Z.
 Gummizahl = G.-Z.
 Acetylzahl (resp. A.-S.-Z., A.-E.-Z., A.-V.-Z.) = A.-Z.
 Carbonylzahl = C.-Z.
 Methylzahl = M.-Z.

b) **für Fette, Öle und andere Körper.*)**
Definition
der

Acetyl-Säurezahl. Gibt an, wie viel Milligramme KOH zur Neutralisation von 1 g acetylierter Fettsäuren verbraucht werden.

Acetyl-Verseifungszahl. Gibt an, wie viel Milligramme KOH zur Neutralisation der freien Säure + Verseifung der Ester in 1 g acetylierter Fettsäuren verbraucht werden.

Acetyl-Zahl. Gibt an, wie viel Milligramme KOH zur Verseifung der Acetylverbindungen in 1 g acetylierter Fettsäuren verbraucht werden. Acetyl-Zahl ist = Acetyl-Verseifungszahl — Acetyl-Säurezahl.

Aether-Zahl = Ester-Zahl.

Burstyn'sche Säuregrade. Die zur Neutralisation der in 100 ccm Fett oder Öl enthaltenen freien Säuren erforderlichen ccm Normal-Lauge.

Ester-Zahl. Gibt die zur Verseifung der in 1 g Fett enthaltenen Ester erforderlichen Milligramme KOH an.

Hehner'sche Zahl. Die Prozente der in heissem Wasser unlöslichen Fettsäuren.

Jod-Zahl. Die Prozente Jod, welche ein Fett zu binden vermag.

Köttstorfer Zahl. Die zur völligen Verseifung von 1 g Fett erforderlichen Milligramme KOH. Die Köttstorfer- oder Verseifungs-Zahl ist die Summe von Säure-Zahl und Ester-Zahl.

Reichert-Meissl'sche Zahl. Gibt an, wie viel Kubikcentimeter $\frac{n}{10}$ Lauge zur Neutralisation der aus 5,0 g Fett erhaltenen leicht flüchtigen Fettsäuren erforderlich sind.

Säuregrade vergl. Burstyn'sche Säuregrade.

Säure-Zahl. Die zur Neutralisation der in 1 g Fett enthaltenen freien Säuren erforderlichen Milligramme KOH. Bei Kakaoöl Honig, die für 10 g Substanz erforderlichen Milligramme KOH (nach E. Dieterich) bei Tinkturen die für 1 g Tinktur erforderlichen Milligramme KOH (nach K. Dieterich) vergl. Schlussbemerkung S. 9.

---

*) Zusammengestellt im pharm. Kalender 1906 von *Fischer-Arends,* S. 274.

Verhältnis-Zahl (bei Wachs). Der bei der Division der Ester-Zahl durch die Säure-Zahl sich ergebende Quotient.

Verseifungs-Zahl = Köttstorfer Zahl. Bei Tinkturen, die für 3 g Tinktur erforderlichen Milligramme KOH (nach *K. Dieterich*) vergl. Schlussbemerkung dieser Seite.

Wollny's Zahl. Gibt an, wie viel Kubikcentimeter $\frac{n}{10}$ Lauge zur Neutralisation der aus 5 g Fett erhaltenen flüchtigen Fettsäuren erforderlich sind.

(Unter Verseifung mit kohlensäurefreier Natronlauge, möglichstem Abschluss vor Kohlensäure und Titration mit $\frac{n}{10}$ Ätzbarytlauge.)

Abkürzung für die:
Jodzahl nach Hübl = J.-Z.
Jodzahl nach Hübl-Waller = J.-Z. n. H.-W.
Säurezahl = S.-Z.
Esterzahl = E.-Z.
Verseifungszahl = V.-Z.
   „   auf heissem Wege = V.-Z. h.
   „   auf kaltem Wege = V.-Z. k.

Für die Definition der Säurezahl sei bemerkt, dass *E. Dieterich* bei Kakaoöl und Honig unter Säurezahl die Anzahl Milligramme KOH versteht, die **10 g** Substanz bei der direkten Titration verbrauchen; bei Tinkturen versteht *K. Dieterich* unter der Säurezahl derselben die Anzahl Milligramme KOH, welche **1 g** und unter der Verseifungszahl derselben die Anzahl Milligramme KOH, welche **3 g** Tinktur — in ersterem Falle bei der direkten Titration, in letzterem Falle bei der Verseifung — zu binden vermögen. Diese besonderen Definitionen sind bisher nur von *E.* und *K. Dieterich* durchgeführt worden und seien dem allgemeinen Brauch anempfohlen.

A.

Normalflüssigkeiten.

$^1/_2$ Normal-Ammoniak (wässeriges).

Enthält 8,532 g NH_3 im Liter.

Es entspricht 1 ccm $= 0,008532$ g NH_3
$\qquad\qquad\qquad\quad = 0,018229$ „ HCl

$^1/_{10}$ Normal-Ammoniumrhodanidlösung.

Enthält 7,6172 g NH_4CNS im Liter gelöst.

Es entspricht 1 ccm $= 0,0076172$ g NH_4CNS

$^1/_{10}$ Normal-Jodlösung.

Enthält 12,697 g Jod, welche mit Hilfe von 20 g KJ in Wasser zum Liter gelöst werden.

Es entspricht 1 ccm $= 0,00495$ g As_2O_3
$\qquad\qquad\qquad\quad = 0,00559$ „ Fe
$\qquad\qquad\qquad\quad = 0,00799$ „ Fe_2O_3
$\qquad\qquad\qquad\quad = 0,015196$ „ $FeSO_4$
$\qquad\qquad\qquad\quad = 0,01661$ „ Brechweinstein
$\qquad\qquad\qquad\qquad\qquad (2\,(C_4H_4K(SbO)\,O_6) + H_2O)$

$^1/_2$ Normal-Kalilauge (alkoholische)
(mit 96%igem Alkohol bereitet).

Enthält 28,079 g KOH im Liter.

Es entspricht 1 ccm $= 0,028079$ g KOH
$\qquad\qquad\qquad\quad = 0,018229$ „ HCl
$\qquad\qquad\qquad\quad = 0,024519$ „ H_2SO_4
$\qquad\qquad\qquad\quad = 0,128128$ „ Palmitinsäure
$\qquad\qquad\qquad\quad = 0,141136$ „ Ölsäure
$\qquad\qquad\qquad\quad = 0,142144$ „ Stearinsäure
$\qquad\qquad\qquad\quad = 0,135136$ „ Fettsäure (Palmitinsäure
$\qquad\qquad\qquad\qquad\qquad\qquad$ und Stearinsäure 1 : 1).

$^1/_1$ Normal-Kalilauge (wässerige).

Enthält 56,158 g KOH im Liter. Daraus wird durch entsprechende Verdünnung die $\frac{n}{2}$, $\frac{n}{10}$ und $\frac{n}{100}$ KOH hergestellt.

Es entspricht 1 ccm $= 0,056158$ g KOH
$= 0,060032$ „ CH_3COOH
$= 0,075024$ „ $C_4H_6O_6$
$= 0,080968$ „ HBr
$= 0,036458$ „ HCl
$= 0,063048$ „ HNO_3
$= 0,049038$ „ H_2SO_4
$= 0,163358$ „ CCl_3COOH
$= 0,046016$ „ $HCOOH$

$^1/_2$ Normal-Kalilauge (wässerige).

Hergestellt durch entsprechende Verdünnung der $^1/_1$ Normal-Kalilauge.

Es entspricht 1 ccm $= 0,028079$ g KOH

$^1/_{10}$ Normal-Kalilauge (wässerige).

Hergestellt durch entsprechende Verdünnung der $^1/_1$ Normal-Kalilauge.

Es entspricht 1 ccm $= 0,005616$ g KOH

$^1/_{100}$ Normal-Kalilauge (wässerige).

Hergestellt durch entsprechende Verdünnung der $^1/_1$ Normal-Kalilauge.

Es entspricht 1 ccm $= 0,0005616$ g KOH

$^1/_{10}$ Normal-Kaliumbijodatlösung.

Enthält 3,2508 g $KH(JO_3)_2$ (Merck) in Wasser zum Liter gelöst.

Zur Einstellung von $\frac{n}{10}$ $Na_2S_2O_3$ werden 20 ccm der Kaliumbijodatlösung in eine kleine Glasstöpselflasche abgemessen, 2,0 g Kaliumjodid und 2 ccm Salzsäure hinzugefügt, umgeschwenkt und einige Minuten stehen gelassen. Darauf wird das ausgeschiedene Jod mit der einzustellenden Natriumthiosulfatlösung unter Verwendung von Stärke als Indikator zurücktitriert.

$^1/_{10}$ Normal-Natriumchloridlösung.

Enthält 5,85 g NaCl im Liter.

Dieselbe dient zur Einstellung von Zehntel-Normal-Silber-nitratlösung.

$$\text{Es entspricht 1 ccm} = 0{,}00585 \text{ g NaCl}$$
$$= 0{,}016997 \text{ „ AgNO}_3$$

$^1/_{10}$ Normal-Natriumthiosulfatlösung.

Enthält 24,832 g Natriumthiosulfat im Liter.

$$\text{Es entspricht 1 ccm} = 0{,}012697 \text{ g J}$$

$^1/_1$ Normal-Salzsäure.

Enthält 36,458 g HCl im Liter. Daraus wird durch entsprechende Verdünnung die $\frac{n}{2}$, $\frac{n}{10}$ und $\frac{n}{100}$ HCl hergestellt.

$$\text{Es entspricht 1 ccm} = 0{,}036458 \text{ g HCl}$$
$$= 0{,}017064 \text{ „ NH}_3$$
$$= 0{,}03703 \text{ „ Li}_2\text{CO}_3$$
$$= 0{,}05305 \text{ „ Na}_2\text{CO}_3$$
$$= 0{,}14313 \text{ „ Na}_2\text{CO}_3 + 10 \, \text{H}_2\text{O}$$
$$= 0{,}040058 \text{ „ NaOH}$$
$$= 0{,}056158 \text{ „ KOH}$$
$$= 0{,}100158 \text{ „ KHCO}_3$$
$$= 0{,}06915 \text{ „ K}_2\text{CO}_3$$
$$= 0{,}037058 \text{ „ Ca(OH)}_2$$
$$= 0{,}02805 \text{ „ CaO}$$

$^1/_2$ Normal-Salzsäure.

Wird hergestellt durch entsprechende Verdünnung der $^1/_1$ Normal-Salzsäure.

$$\text{Es entspricht 1 ccm} = 0{,}018229 \text{ g HCl}$$
$$= 0{,}028079 \text{ „ KOH}$$
$$= 0{,}020029 \text{ „ NaOH}$$
$$= 0{,}008532 \text{ „ NH}_3$$
$$= 0{,}034575 \text{ „ K}_2\text{CO}_3$$
$$= 0{,}026525 \text{ „ Na}_2\text{CO}_3$$

$^1/_{10}$ **Normal-Salzsäure.**

Wird hergestellt durch entsprechende Verdünnung der $^1/_1$ Normal-Salzsäure.

Es entspricht 1 ccm $=$ 0,003646 g HCl
$=$ 0,032432 „ Chinin
$=$ 0,028023 „ Morphin (wasserfrei)

$^1/_{100}$ **Normal-Salzsäure.**

Wird hergestellt durch entsprechende Verdünnung der $^1/_1$ Normal-Salzsäure.

Es entspricht 1 ccm $=$ 0,0003646 g HCl
$=$ 0,002893 „ Atropin
$=$ 0,002893 „ Hyoscyamin
$=$ 0,00364 „ Strychnin und Brucin
$=$ 0,00254 „ Emetin
$=$ 0,00647 „ Aconitin
$=$ 0,001475 „ Pelletierin

$^1/_1$ **Normal-Schwefelsäure.**

Enthält 49,04 g H_2SO_4 im Liter. Daraus wird durch entsprechende Verdünnung die $\frac{n}{2}$ und $\frac{n}{10}$ H_2SO_4 hergestellt.

Es entspricht 1 ccm $\frac{n}{2}$ H_2SO_4 $=$ 0,028079 g KOH
$=$ 0,020029 „ NaOH
$=$ 0,008532 „ NH_3
$=$ 0,034575 „ K_2CO_3
$=$ 0,026525 „ Na_2CO_3

$^1/_{10}$ **Normal-Silbernitratlösung.**

Enthält 16,997 g $AgNO_3$ im Liter gelöst.

Es entspricht 1 ccm $=$ 0,016997 g $AgNO_3$
$=$ 0,0054096 „ HCN
$=$ 0,0098032 „ NH_4Br
$=$ 0,011911 „ KBr
$=$ 0,010301 „ NaBr
$=$ 0,00585 „ NaCl
$=$ 0,003545 „ Cl
$=$ 0,016612 „ KJ
$=$ 0,0049575 „ Allyl-Senföl
$=$ 0,0057595 „ Butyl-Senföl

Hüblsche Jodlösung.

25 g Jod und 30 g Quecksilberchlorid werden zu je 500 ccm in 96%igem Alkohol gelöst. Nach dem Mischen muss die fertige Jodlösung vor dem Gebrauch 24 Stunden stehen bleiben, da der Titer derselben zuerst sehr rasch abnimmt.

Hübl-Wallersche Jodlösung.

25 g Jod werden in 96%igem Alkohol zu 500 ccm gelöst.

30 g Quecksilberchlorid und 25 g Salzsäure (1,19 spez. Gew. bei 15° C.) werden in 96%igem Alkohol ebenfalls zu 500 ccm gelöst.

Bei dieser gemischten Jodlösung ist die Abnahme des Titers eine bedeutend geringere.

Kupfersulfatlösung nach Fehling.

34,64 g $(CuSO_4 + 5 H_2O)$ werden in Wasser zu 500 ccm gelöst.

Dieselbe ist immer die gleiche, ob man nach Allihn, Fehling oder Wein arbeitet.

Seignettesalzlösung.

I. Nach Fehling: 173 g Seignettesalz und 60 g Ätznatron werden in Wasser zu 500 ccm gelöst.

II. Nach Allihn: 183 g Seignettesalz und 125 g Ätzkali werden in Wasser zu 500 ccm gelöst.

Die Kupfersulfatlösung und Seignettesalzlösung I dient im Verhältnis 1 + 1 gemischt zur gewichtsanalytischen Maltosebestimmung — Kochdauer: 4 Minuten, und zur Traubenzuckerbestimmung nach Wein — Kochdauer: 2 Minuten; ferner zur gewichtsanalytischen Invertzuckerbestimmung — Kochdauer: 2 Minuten.

Die Kupfersulfatlösung und Seignettesalzlösung II dient im Verhältnis 1 + 1 gemischt zur gewichtsanalytischen Traubenzuckerbestimmung nach Allihn — Kochdauer: Nur einmal aufkochen.

Nähere Angaben hierüber finden sich in E. Schmidt org. Chemie IV. Auflage Seite 926 für die Maltosebestimmung, Seite 893 und 894 für die Traubenzucker- und Seite 901 und 902 für die Invertzuckerbestimmung.

Bei Aufstellung der Faktoren für die Normalflüssigkeiten sind uns die vom D. A. IV. geforderten Titrationen, für Alkaloidbestimmungen die Angaben im Kommentar zum D. A. IV. von FISCHER-HARTWICH massgebend gewesen.

B.

Indikatoren.

Ferri-Ammoniumsulfatlösung.

Ist eine Lösung von 1 Teil Eisenammoniakalaun in einem Gemische von 8 Teilen destilliertem Wasser und 1 Teil verdünnter Schwefelsäure.

Dient als Indikator bei der Titration mit Silbernitrat- resp. Ammoniumrhodanidlösung.

Haematoxylinlösung.

Ist eine 1%ige alkoholische oder wässerige Farbstofflösung.

Wird hauptsächlich zu Alkaloidtitrationen oder bei der Titration von Alkalien oder Karbonaten in 1%iger wässeriger Lösung verwendet.

Jodeosinlösung.

Ist eine Lösung von 1 g Eosinum jodatum in 500 g Weingeist. Wird bei der Titration von Alkaloiden verwendet.

Methylorangelösung.

Ist eine 1%ige alkoholische Farbstofflösung.
Dient zur Titration von kohlensauren Alkalien.

Phenolphtaleinlösung.

Ist eine Lösung von 1 Teil Phenolphtalein in 99 Teilen Weingeist oder verdünntem Weingeist.

Dient zur Titration von Laugen und Säuren.

Rosolsäurelösung.

Ist eine Lösung von 1 g Acid. rosolicum in 100 g Weingeist.

Dient zur Titration von Ammoniak.

Tropaeolinlösung.

Ist eine 1 %ige alkoholische Lösung von Tropaeolin.

Wird zur Titration von Karbonaten und Ammoniak verwendet.

Bei den Vorschriften für die Berechnung der Werte ist die neuerdings von LANDOLT, OSTWALD und SEUBERT ausgearbeitete und von der Deutschen Chemischen Gesellschaft endgültig angenommene Tabelle der Internationalen Atomgewichte zu Grunde gelegt worden. $O = 16,00$ $(H = 1,008)$ (vergl. Berichte der Deutschen Chemischen Gesellschaft 1906. H. 1. S. 10 u. 11), wie auf folgenden Seiten verzeichnet.

Internationale Atomgewichte.

		O = 16			O = 16
Aluminium . . .	Al	27,1	Nickel	Ni	58,7
Antimon	Sb	120,2	Niobium	Nb	94
Argon	A	39,9	Osmium	Os	191
Arsen	As	75,0	Palladium . . .	Pd	106,5
Baryum	Ba	137,4	Phosphor . . .	P	31,0
Beryllium . . .	Be	9,1	Platin	Pt	194,8
Blei	Pb	206,9	Praseodym . .	Pr	140,5
Bor	B	11	Quecksilber . .	Hg	200,0
Brom	Br	79,96	Radium	Ra	225
Cadmium . . .	Cd	112,4	Rhodium . . .	Rh	103,0
Caesium	Cs	132,9	Rubidium . . .	Rb	85,5
Calcium	Ca	40,1	Ruthenium . . .	Ru	101,7
Cerium	Ce	140,25	Samarium . . .	Sa	150,3
Chlor	Cl	35,45	Sauerstoff . . .	O	16,00
Chrom	Cr	52,1	Scandium . . .	Sc	44,1
Eisen	Fe	55,9	Schwefel . . .	S	32,06
Erbium	Er	166	Selen	Se	79,2
Fluor	F	19	Silber	Ag	107,93
Gadolinium . .	Gd	156	Silicium	Si	28,4
Gallium	Ga	70	Stickstoff . . .	N	14,04
Germanium . .	Ge	72,5	Strontium . . .	Sr	87,6
Gold	Au	197,2	Tantal	Ta	183
Helium	He	4	Tellur	Te	127,6
Indium	In	115	Terbium	Tb	160
Iridium	Ir	193,0	Thallium . . .	Tl	204,1
Jod	J	126,97	Thorium . . .	Th	232,5
Kalium	K	39,15	Thulium	Tu	171
Kobalt	Co	59,0	Titan	Ti	48,1
Kohlenstoff . .	C	12,00	Uran	U	238,5
Krypton	Kr	81,8	Vanadin	V	51,2
Kupfer	Cu	63,6	Wasserstoff . .	H	1,008
Lanthan	La	138,9	Wismuth . . .	Bi	208,5
Lithium	Li	7,03	Wolfram . . .	W	184,0
Magnesium . .	Mg	24,36	Xenon	X	128
Mangan	Mn	55,0	Ytterbium . .	Yb	173,0
Molybdän . . .	Mo	96,0	Yttrium	Y	89,0
Natrium	Na	23,05	Zink	Zn	65,4
Neodym	Nd	143,6	Zinn	Sn	119,0
Neon	Ne	20	Zirkonium . . .	Zr	90,6

A.

Chemikalien, Drogen und Rohstoffe.

Acetonum.

(Aceton.)

Untersuchungsmethode: nach dem Ergänzungsbuch zum Arzneibuch f. d. Deutsche Reich II. resp. III. Ausg., S. 1.

Untersuchungsresultate:

Wie im Jahre 1904 kam auch im Berichtsjahre Aceton nur einmal zur Prüfung. Qualitativ entsprach dasselbe den gestellten Anforderungen, nur das spez. Gewicht blieb mit 0,799 bei 15° C. etwas unter der niedrigsten Grenze (0,800—0,810).

Acidum benzoïcum e toluolo.

(Toluolbenzoesäure.)

Untersuchungsmethode: nach dem D. A. IV. mit Ausnahme der speziell für Harzbenzoesäure geltenden Reaktionen.

Untersuchungsresultate:

Toluolbenzoesäure kam im Jahre 1905 in 3 Posten zur Prüfung. Dieselbe war stets farblos und geruchfrei, die Reaktion auf Chloride war in allen Fällen gering. Im übrigen entsprachen die Präparate den zu stellenden Anforderungen.

Acidum boricum.

(Borsäure.)

Untersuchungsmethode: nach dem D. A. IV.

Untersuchungsresultate:

Nr.	Bemerkungen
1	E. d. A. d. D. A. IV. bis auf geringe Spuren Chloride, Sulfate und Eisen.
2	„ „ geringe Spuren Chloride, Sulfate und deutliche Reaktion auf Calciumverbindungen.
3	„ bis auf deutliche Spuren von Chloriden. Beob. Maximum $= 155{,}25\ \mu$
4	„ „ „ „ $= 147{,}15\ \mu$
5	„ „ „ „ $= 86{,}40\ \mu$

Acidum salicylicum.

(Salicylsäure.)

Untersuchungsmethode: nach dem D. A. IV.

Untersuchungsresultate:

Im Berichtsjahre wurden 7 Sendungen Salicylsäure geprüft. Davon abgesehen, dass bei zwei derselben die Lösung in konz. Schwefelsäure schwache Gelbfärbung zeigte, entsprachen sämtliche Proben den Anforderungen des D. A. IV.

Acidum tartaricum.

(Weinsäure.)

Untersuchungsmethode: nach dem D. A. IV.

Untersuchungsresultate:

Von Weinsäure kamen im Berichtsjahre vier grössere Sendungen zur Untersuchung, die qualitativ sämtlich dem D. A. IV. entsprachen. Bei einer Probe betrug der Glührückstand 0,5 %, die andern waren aschefrei.

Aether.

(Äther.)

Untersuchungsmethode: nach dem D. A. IV.

Untersuchungsresultate:

Im vergangenen Jahre kamen eine Sendung Äther für analytische Zwecke und 42 Fass Äther für technische Zwecke zur Untersuchung. Die erstere Sorte zeigte ein spez. Gewicht von 0,7204 bei 15° C. und entsprach auch sonst völlig dem D. A. IV. Das spez. Gewicht der technischen Sorte schwankte zwischen 0,723—0,725—0,7259—0,727. Abgesehen von den Prüfungen auf Aldehyd, Wasserstoffsuperoxyd und freie Säure, die hin und wieder nicht vollständig ausgehalten wurden, entsprach der technische Äther sonst den Anforderungen des D. A. IV.

Aether aceticus.

(Essigäther.)

Untersuchungsmethode: nach dem D. A. IV.

Untersuchungsresultate:

Von Essigäther kamen im Jahre 1905 drei Ballons zur Untersuchung. Das spez. Gewicht bewegte sich bei zwei Sendungen in den Grenzen des D. A. IV. (0,901—0,903), bei der dritten Sendung betrug dasselbe 0,907 bei 15° C. Qualitativ entsprachen sämtliche Proben den Anforderungen des D. A. IV.

Aether Petrolei.

(Petroläther.)

Untersuchungsmethode: Best. d. spez. Gewichtes ev. Siedepunktes. Prüfung auf fremde Kohlenwasserstoffe nach E. Schmidt, org. Chemie, IV. Aufl., S. 101 und 102.

Untersuchungsresultate:

Von Petroläther wurden im Berichtsjahre 23 Fass untersucht. Das spez. Gewicht schwankte zwischen 0,653—0,660. Derselbe enthielt stets Spuren Benzol; durch konz. Schwefelsäure wurde derselbe fast immer schwach gelb gefärbt.

Petroläther wird hier nur zum Entölen von Senf gebraucht und genügte somit seinen Zwecken vollständig.

Agar Agar.

(Agar Agar.)

Untersuchungsmethode: nach dem Ergänzungsbuch zum Arzneibuch für das Deutsche Reich, II. resp. III. Ausg. S. 15 u. 16.

Untersuchungsresultate:

Neuerdings verwenden wir Agar Agar in Fäden in ganz bedeutenden Mengen zur Herstellung unseres neuen Mittels „Regulin" (D. R.-Pat. Nr. 169864), einem Präparat, welches den Stuhlgang reguliert und nach besonderem patentiertem Verfahren aus Agar Agar und Kaskaraextrakt hergestellt wird.

Das Ergänzungsbuch zum Deutschen Arzneibuch sagt vom Agar Agar, dass dasselbe Stränge oder Fäden von $^1/_2$ m Länge oder vierkantige Stäbe von 20—30 cm Länge darstellt, die in Ostasien aus Meeresalgen (Florideen) hergestellt werden. Als Anforderungen stellt das Ergänzungsbuch kurz folgende: Im Verhältnis 1:200 in kochendem Wasser gelöst, soll dasselbe einen nach dem Erkalten schlüpfrigen, farb-, geruch- und geschmacklosen Schleim ergeben, der neutral reagiert.

Sämtliche von uns untersuchten Muster entsprachen diesen Anforderungen und es gaben auch die Lösungen nur ganz minimale Bodensätze von unlöslichen Anteilen, wenn man dieselben längere Zeit in der Wärme absetzen liess.

Eine Höchstgrenze für den Aschengehalt gibt das Ergänzungsbuch nicht an, sondern sagt nur, dass 100 Teile Agar Agar beim Verbrennen etwa vier Teile nur sehr schwach alkalisch reagierende Asche hinterlassen und dass die beim Verbrennen auftretenden Dämpfe auf Lackmuspapier sauer reagieren. Da wir für unser Regulin nur möglichst farbloses und dem Äusseren nach möglichst schmutzfreies Agar Agar verwenden können, verlangen wir, dass der Aschengehalt 4 % nicht übersteigt.

Die Reaktion der Asche und der beim Verbrennen auftretenden Dämpfe war stets den Anforderungen des Ergänzungsbuches entsprechend, schwach alkalisch bezw. sauer.

Die Aschengehalte einer Anzahl von Durchschnittsproben grösserer Sendungen sind in folgender Tabelle zusammengestellt:

Nr.	% Asche	Nr.	% Asche
1	3,12	5	2,96
2	3,23	6	3,39
3	3,44	7	2,68
4	3,04	8	3,07

Ein angebotenes Kaufsmuster, das schon dem Äusseren nach minderwertig erschien und dessen Löslichkeit wegen ziemlich bedeutenden Bodensatzes zu wünschen übrig liess, ergab beim Verbrennen 4,50 % Asche und wurde beanstandet.

Albumen Ovi siccum.

(Trockenes Hühnereiweiss.)

Untersuchungsmethode: nach K. Dieterich, Helfenberger Annalen 1897, S. 306 und 307 und ausserdem nach dem D. A. IV., die Bestimmung des in Wasser unlöslichen Rückstandes nach den Helfenberger Annalen 1901, S. 26.

Untersuchungsresultate:

Nr.	$\%$ Verlust bei 100° C.	$\%$ Asche	$\%$ in Wasser unlöslicher Rückstand	Bemerkungen		
1	12,78	5,22	4,14	Fast geruchlos. Fibrinfrei.	E. s. d. A. d. D. A. IV.	
2	7,71	4,40	3,36	—	,,	,,
3	15,76	4,64	1,40	Lösung 1:20 gibt sofort klares Filtrat.	,,	,,
4	14,04	4,66	5,38	,,	,,	,,
5	14,14	3,74	5,90	,,	,,	,,
6	12,03	4,84	5,20	,,	,,	,,
7	16,20	5,60	3,25	Fast klares Filtrat.	,,	,,
8	15,75	5,50	3,20	,,	,,	,,
9	15,90	5,50	3,00	,,	,,	,,
10	17,10	4,70	1,50	,,	,,	,,
11	18,25	4,90	2,70	,,	,,	,,
12	16,15	5,70	1,00	Sofort klares Filtrat.	,,	,,
13	17,25	5,70	4,00	Fast klares Filtrat.	,,	,,
14	15,25	5,70	1,50	,, Nicht völlig fibrinfrei.	,,	
15	14,32	4,60	4,70	Sofort klares Filtrat. Fibrinfrei.	,,	
16	14,87	3,10	5,60	Fibrinfrei.	E. s. d. A. d. D. A. IV.	
17	14,92	6,30	3,40	Lösung 1:20 wird nicht völlig blank.	Fibrinfrei. ,,	
18	15,66	6,00	2,80	,,	,,	,,
19	15,50	5,00	4,00	,,	,,	,,
20	16,04	5,50	4,80	,,	,,	,,
21	19,26	5,60	4,80	,,	,,	,,
22	18,34	3,40	5,08	—	,,	,,
23	—	—	—	Völlig klares Filtrat.	,,	,,

Nr.	$\%$ Verlust bei 100^0 C.	$\%$ Asche	$\%$ in Wasser unlöslicher Rückstand	Bemerkungen
				Beanstandet wurden:
1	19,50	4,40	8,00	Fibrinfrei. E. s. d. A. d. D. A. IV.
2	14,23	4,40	7,40	,, ,, Lösung 1 : 20 gibt klares Filtrat.
3	13,42	3,98	6,39	,, ,, ,,
4	14,30	4,20	6,82	,, ,, ,,
5	15,27	5,41	7,38	,, ,, ,,
6	14,33	3,85	6,27	,, ,, ,,
7	16,80	5,40	6,20	Nicht völlig fibrinfrei. ,, ,, Nicht völlig klares Filtrat.
8	17,25	5,00	6,50	Fast fibrinfrei. ,, Fast klares Filtrat.
9	—	—	zieml. bedeutend	— ,, , riecht unangenehm.
10	—	4,50	13,00	E. s. d. A. d. D. A. IV.
11	21,61	5,40	8,30	—
12	16,66	5,40	13,00	E. s. d. A. d. D. A. IV.
13	15,45	4,00	12,00	Fast fibrinfrei. Lösung 1 : 20 gibt klares Filtr. E. d. A. d. D. A. IV.
14	15,50	4,60	6,50	,, ,, ,,
15	17,90	4,20	6,30	Fibrinfrei. — ,,

In bezug auf die vielen beanstandeten Sorten verweisen wir auf das im Vorwort Gesagte.

Alcohol absolutus, Alcohol et Spiritus.

(Absoluter Alkohol, Alkohol und Weingeist.)

Untersuchungsmethode: nach dem Ergänzungsbuch zum Arzneibuch für das Deutsche Reich, II. Ausg., S. 16 resp. nach dem D. A. IV.

Untersuchungsresultate:

Von „Alcohol absolutus" kam im Berichtsjahre nur ein Ballon zur Prüfung. Das spezifische Gewicht betrug 0,7980 bei 15 ° C. entsprechend einem Gehalt von 98,79 Gewichts- und 99,26 Volumenprozenten. Qualitativ entsprach derselbe völlig den Anforderungen des Ergänzungsbuches.

„Alkohol" kam im Vorjahre einundzwanzigmal zur Untersuchung. Das spezifische Gewicht schwankte zwischen 0,810 bis 0,812 bei 15° C. entsprechend einem Gehalt von 94,73 bis 94,03 Gewichts- resp. 96,61—96,13 Volumenprozenten. Bis auf die Silbernitratprobe des D. A. IV., die öfters n i c h t gehalten wurde, entsprach derselbe stets den Anforderungen des D. A. IV.

„Spiritus" wurde im vergangenen Jahre nur einmal geprüft. Derselbe zeigte folgende Werte:

0,8319 Spez. Gew. bei 15° C.

86,62   Gewichts-Prozente $C_2H_5(OH)$

90,73   Volumen-   „ $C_2H_5(OH)$

Bis auf eine geringe Veränderung bei der Silbernitratprobe entsprach auch der Weingeist den Anforderungen des D. A. IV.

Ammonium sulfoichthyolicum.

(Ichthyol.)

Untersuchungsmethode: nach E. Schmidt, org. Chemie, IV. Aufl., S. 122 und 123 resp. nach dem Ergänzungsbuch zum Arzneibuch für das Deutsche Reich, II. Ausg., S. 22 und 23.

Untersuchungsresultate:

Von Ichthyol-Ammonium wurde im Berichtsjahre nur eine Sendung geprüft.

Dieselbe hatte 45,18 % Verlust bei 100° C. und

0,00 % Glührückstand.

In bezug auf Geruch, Farbe, Löslichkeit u. s. w. entsprach das Ichthyol ebenfalls den Anforderungen des Ergänzungsbuchs.

Amylum Tritici.

(Weizenstärke.)

Untersuchungsmethode: nach dem D. A. IV.

Untersuchungsresultate:

Nr.	% Asche	Bemerkungen
1	0,015	Mikroskop. Bild normal. E. d. A. d. D. A. IV.
2	0,230	„ „
3	0,020	„ „
4	0,160	„ „ Lsg. 1 : 50 reagierte schwach sauer.

Balsame, Harze und Gummiharze.

A. Balsame.

Balsamum peruvianum.

(Perubalsam.)

Untersuchungsmethode: nach K. Dieterich, Analyse der Harze, S. 80 und 81 und nach dem D. A. IV.

Untersuchungsresultate:

Im Vorjahre kam nur eine Sendung Perubalsam zur Untersuchung und ergab nachfolgende Werte:

Spez. Gew. bei 15° C.	1,158
S.-Z. d.	65,51
E.-Z.	159,89
V.-Z. k.	225,40
% in Äther unlösliche Anteile	1,55
% aromat. Bestandteile (Cinnamein)	62,00
V.-Z. h. des Cinnameins n. d. D. A. IV.	236,60

Balsamum tolutanum.

(Tolubalsam.)

Untersuchungsmethode: nach K. Dieterich, Analyse der Harze, S. 80 und nach dem D. A. IV.

Untersuchungsresultate:

Von Tolubalsam kam im Jahre 1905 ebenfalls nur eine kleine Sendung zur Prüfung. Derselbe war von normaler, rotbrauner Farbe, gutem balsamischen Geruch und lieferte bei der Titration folgende, innerhalb der Grenzen des D. A. IV. liegende Zahlen:

S.-Z. d.	144,74
E.-Z.	20,26
V.-Z. h.	165,00

B. Harze.

Colophonium.
(Kolophonium.)

Untersuchungsmethode: nach dem D. A. IV. Die Methode desselben ist die von K. Dieterich, Analyse der Harze, S. 113 und ausserdem die Bestimmung des in Petroläther unlöslichen Rückstandes.

Untersuchungsresultate:

Nr.	Spez. Gew. bei 15° C.	S.-Z. ind.	$\%$ in Petroläther unlöslicher Rückstand	$\%$ Asche	Bemerkungen
A) citrinum.					
1	1,0752	173,60	0,19	Spuren	E. d. A. d. D. A. IV., bis auf die Löslichkeit in Na O H.
2	1,0719	181,09	1,18	—	,,
3	1,0720	163,80	3,20	0,00	,,
4	1,0760	173,60	1,22	0,00	,,
5	1,0722	162,95	—	0,00	,,
6	1,0772	175,14	0,67	—	,,
7	1,0759	169,58	0,75	—	,,
B) rubrum.					
1	1,0740	162,40	0,44	—	E. d. A. d. D. A. IV., bis auf die Löslichkeit in Na O H.
2	1,0732	158,00	0,21	—	,,
3	1,0765	186,62	0,89	—	,,
4	1,0741	184,80	1,69	Spuren	,,
5	1,0697	184,80	2,13	,,	,,
6	1,0740	179,20	2.10	,,	,,
7	—	176,40	2,10	0,00	,,
8	1,0752	172,20	2,20	Spuren	,,

Copal, Resina Copal.

(Kopal.)

Untersuchungsmethode: nach K. Dieterich, Analyse der Harze, S. 115—123.

Untersuchungsresultate:

Muster oder Sendungen von Kopal wurden im Jahre 1905 hier nicht untersucht. Ein an uns zur Begutachtung eingesandtes grösseres Muster eines fossilen (Java-)Kopals gab Veranlassung zu einer umfangreicheren Arbeit, die wir nachstehend im Original abdrucken.

Über einen neuen fossilen Kopal (Java-Kopal).[*)]

Von Dr. Karl Dieterich-Helfenberg.

Bereits im Jahre 1898 wurde auf Veranlassung des verstorbenen Herrn Geheimrat Clemens Winkler, Freiberg, von einem Schüler desselben, Herrn Dr. Emil Carthaus, ein fossiles Harz aus Borneo an mich eingesandt. Unter Bezugnahme hierauf hat sich nun im Februar d. J. Herr Dr. Carthaus von Soerabaja aus wiederum an mich gewandt und einen neuen fossilen Kopal aus dem Innern von Java zur Begutachtung eingeschickt. Derselbe schreibt:

„Bei meinen geologischen Untersuchungen hier auf Java bin ich nun vor kurzem auf eine zweite Lagerstätte von fossilem Kopal gestossen, ebenfalls von Braunkohlen umschlossen. Mit anderen Herren zusammen beabsichtige ich nun dieses ausgedehnte Lager auszubeuten, und während meine Kompagnons (Holländer) Proben nach Amsterdam und Rotterdam geschickt haben, gestatte ich

---

[*)] Vortrag für die Naturforscherversammlung in Meran 1905. Abt. Pharmazie und Pharmakognosie; referiert von Herrn k. k. Rat Al. Kremel-Wien.

mir, zur Begutachtung des Produktes eine Probe und zwar ein gereinigtes Durchschnittsmuster von dem Kopal einzusenden. Diesen Kopal können wir Ihnen in jedem gewünschten Quantum liefern. Wir wären **Ihnen sehr** verbunden, wenn Sie uns den annähernden **Preis** und Wert für dieses Produkt **angeben könnten.**"

Dieser fossile Kopal, welchen ich der Kürze halber Java-Kopal nennen will, stand mir nun zur Untersuchung in verhältnismässig geringer Menge zur Verfügung. Die Gesamtmenge des eingeschickten gereinigten Produktes betrug ungefähr 300 g. Ich habe sofort noch einige Kilo desselben bestellt, die bis heute noch nicht eingetroffen sind, aber jede Woche eintreffen können. Mit diesem Material sollen dann die Untersuchungen, über die ich heute vorläufig berichte, fortgesetzt werden. Der Java-Kopal besteht aus etwa wallnussgrossen, runden und länglichen Stücken. Dieselben zeigen keine sogenannte Gänsehaut, wie der bekannte Zanzibar-Kopal, sondern erinnern in ihrem Aussehen an eine gewöhnliche, ungewaschene und ungeschälte Kauri-Kopal-Sorte. Äusserlich sind die Stücke milchig trübe und von einer dünnen Verwitterungsschicht überzogen. Aus dem Innern herausgeschlagene Stückchen zeigen verschiedene Durchsichtigkeit und sind von bräunlichgelber bis grünlich-brauner Farbe. Der Bruch ist glänzend und muschelig. Der Java-Kopal lässt sich verhältnismässig leicht zerreiben und liefert ein bräunlich-graues Pulver, in dem viele schwarze Körnchen sichtbar sind. Letztere blieben bei der Feststellung der Löslichkeit stets als schwarze, metallisch glänzende Flitter in dem unlöslichen Rückstand. Der Java-Kopal ist nach den Beschreibungen von Dr. Carthaus im Braunkohlenlager eingebettet und somit als ein fossiler Kopal zu bezeichnen. Die eben erwähnten Verunreinigungen bestehen zum Teil aus Braunkohle, zum grössten Teil aus Eisenkieskryställchen. Beim Kauen erweicht der Java-Kopal nicht, sondern zerfällt und erinnert an eine gute, harte Kopalsorte, bei der man das Gefühl hat, als ob man auf Glas oder Sand beisse.

Ich habe nun in dem hiesigen Laboratorium mit meinem Assistenten, Herrn Laboratoriumsvorstand Hermann Mix, denselben einer eingehenden Untersuchung unterzogen. Dieselbe ist aber infolge Mangel an Material noch nicht abgeschlossen. Ich möchte mir deshalb die weiteren Prüfungen hierdurch noch reservieren. Ich habe die Versuche vorläufig auf die Feststellung der Härte, des Schmelzpunktes, spezifischen Gewichtes, des Vorhandenseins von Schwefel, Stickstoff, Bitterstoff, die Feststellung des Aschegehaltes, des Wassergehaltes, weiterhin auf Vorhandensein von flüchtigen Säuren und ätherischem Öl, die Feststellung der Säurezahl, Esterzahl, Verseifungszahl, ferner die genaue quantitative Feststellung der Löslichkeit in fast allen bekannten Lösungsmitteln, das Verhalten bei der trockenen Destillation und die Untersuchung der hierbei erhaltenen Fraktionen ausdehnen lassen. Die chemische Trennung des Materials in verschiedene Einzelbestandteile und Körper nach dem Tschirch'schen Verfahren konnte wegen Mangel an Material noch nicht vorgenommen werden, soll aber später durchgeführt werden.

1. Äussere Eigenschaften.
Über dieselben ist schon oben berichtet worden.

2. Härte.
Der Java-Kopal wird sowohl von Kalkspat als auch von Kupfervitriolkrystallen leicht geritzt. Die einzelnen Stücke zeigen gegen das an dritter Stelle probierte Steinsalz verschiedenes Verhalten, manche wurden von demselben geritzt, andere wieder ritzten das Steinsalz deutlich. Demnach kann man durchschnittlich die Härte des Java-Kopals mit der des Steinsalzes gleichstellen. In meiner „Analyse der Harze" habe ich S. 117 die Härteskala der Kopale nach Wiesner mitgeteilt und nach dieser wäre der Java-Kopal zwischen den Angola- und den Benguela-Kopal einzureihen. Der bekannte Manila-Kopal, welcher auf der Java nahe gelegenen Insel Manila gewonnen wird, ist bedeutend minderwertiger, denn er steht in seiner Härte noch unter dem Steinsalz. Wenn man den Java-Kopal mit heissem Wasser kocht, so bleibt er unverändert und klar, während z. B. der Manila-Kopal schon nach kurzer Zeit rissig wird, sich mit einer

trüben Schicht überzieht und das schöne Aussehen verliert. Nach der Härte-Prüfung also ist dieser Java-Kopal schon besser als der von der Insel Manila gewonnene indische oder Manila-Kopal.

3. Schmelzpunkt.

Die Bestimmung des Schmelzpunktes wurde in der einseitig geschlossenen Kapillare im Schwefelsäurebade vorgenommen. Der Java-Kopal fängt zwischen 160—170° C. an zu sintern, um bei 175° C. mit dem Schmelzen zu beginnen, bei 178° C. ist derselbe vollkommen klar und durchsichtig, fliesst aber nicht zusammen. Da die guten Kopale weit höhere Schmelzpunkte besitzen, so ist nach dem Ausfall der Schmelzpunkt-Bestimmung der Java-Kopal nicht als sehr wertvoll zu bezeichnen.

4. Spezifisches Gewicht.

Das spezifische Gewicht des Java-Kopals wurde nach der von uns schon seit Jahren bei Kolophonium und Bienenwachs geübten Methode bestimmt.*) Die von der verwitterten Schicht befreiten Stücke zeigten spezifische Gewichte, die von 1,033—1,041 schwankten. In der Literatur (vergl. meine „Analyse der Harze") findet man Werte von 1,062—1,149 angegeben.

5. Prüfung auf Schwefel.

Zum Nachweis des Schwefels wurde der Java-Kopal mit der doppelten Menge reiner Soda und Salpeter im Silbertiegel geschmolzen, die Schmelze wurde gelöst und nach der Sättigung mit Salpetersäure vermittelst Bariumnitrat auf Schwefelsäure geprüft. Es wurde bei allen Schmelzen deutliche Schwefelsäure-Reaktion erhalten.

Diese Reaktion auf Schwefel ist aber nicht auf einen Gehalt des Kopals an Schwefel zurückzuführen, sondern darauf, dass auch dem gereinigten Produkt jene Splitterchen von metallischen Verunreinigungen anhängen, die sich bei der Analyse als Schwefelkies erwiesen; das Vorhandensein

---

*) Siehe Helfenberger Annalen 1897, S. 362.

dieser metallischen Flitter auch bei dem äusserlich gereinigten Kopal zeigt so recht seine fossile Natur.

6. Prüfung auf Stickstoff.

Der Nachweis des Stickstoffes als Berlinerblau durch Glühen mit Kalium, Lösen der Schmelze in Wasser, Digerieren mit etwas Eisenoxydulsulfatlösung, Versetzen mit einigen Tropfen Eisenchloridlösung und Übersättigen mit Salzsäure bis zur stark sauren Reaktion, fiel negativ aus.

7. Aschegehalt.

Der Aschegehalt des Java-Kopals wurde zu 2,44% ermittelt. In der Literatur findet man Angaben (so von Williams) ebenfalls bis über 2% Asche für die verschiedenen Arten der Kopale. Es ist hierbei interessant, dass der rotbraune Ascherückstand in der Hauptsache aus Eisenoxyd bestand. Die Verunreinigungen, von denen ich schon oben sprach, sind also durch Einbettung in die andern Gesteine veranlasst und bestehen aus Schwefeleisen und Braunkohle.

8. Wassergehalt.

Der Verlust bei 100° C. betrug 0,265%. Zur Feststellung des Wassergehaltes darf das feine Kopal-Pulver nur kurze Zeit, 2—3 Stunden getrocknet werden, da sonst durch Oxydation später das Gewicht wieder zunimmt. Darauf ist schon von Tschirch bei Zanzibar-Kopal (vergl. „Die Harze und die Harzbehälter", S. 287) hingewiesen worden. Ob beim Erhitzen der Java-Kopal leichter löslich wird, soll später noch konstatiert werden, da es jetzt aus Mangel an Material nicht möglich war. Ich füge hinzu, dass in der Literatur in bezug auf den Wassergehalt der Kopale bis 2% Feuchtigkeit gefunden wurden.

9. Bitterstoff.

Da wir wegen Mangel an Material auch vorläufig von der Herstellung des Reinharzes nach Tschirch durch Lösen des Kopals in Alkohol und Eingiessen der konzentrierten alkoholischen Lösung in angesäuertes Wasser, wobei das Reinharz ausfällt, etwaiger Bitterstoff aber in Lösung bleibt, absehen mussten, bis uns grössere Mengen dieses Java-Kopals zur Verfügung stehen werden, haben wir den Nachweis des Bitterstoffs nach der von A. Tschirch und B. Niederstadt beim Kauri-Busch-Kopal (Arch. d. Pharmazie, Bd. 239, H. 2, S. 151) verwendeten Methode zu erbringen versucht. Wir kochten den gepulverten Java-Kopal mehrfach mit Wasser aus und konzentrierten die wässerigen Auszüge. Der Erfolg war negativ. Die eingeengten Auszüge besassen weder bitteren Geschmack, noch konnten mit Eisenchlorid, essigsaurem Blei oder Gerbsäure irgendwelche Spuren von Bitterstoff nachgewiesen werden.

10. Ätherisches Öl und flüchtige Säuren.

Desgleichen wurde ebenfalls mit negativem Ergebnis versucht, durch Destillation des Java-Kopals mit Wasserdampf etwaiges ätherisches Öl oder flüchtige Säuren nachzuweisen.

11. Säurezahl auf heissem Wege (S.-Z. h.).

Die Säurezahl des Java-Kopals wurde, seiner schlechten Löslichkeit in 96 %igem Alkohol und Benzin halber, nur auf heissem Wege bestimmt. Es ergaben sich bei mehreren Versuchen S.-Z. h. 4,55—5,07.

12. Verseifungszahl auf heissem Wege (V.-Z. h.).

Da sich der Kopal auf kaltem Wege als schlecht resp. unverseifbar erwies, wurden auch die Verseifungszahlen nur auf heissem Wege ermittelt und bei mehreren Versuchen zu 14,54; 15,92; 16,56; 18,03 bestimmt.

13. Esterzahl. (E.-Z.)

Aus den beiden vorhergehenden Zahlen ergeben sich demnach für den Java-Kopal Ester-Zahlen im Durchschnitt von 9,98—12,96.

Zu den letztgenannten Säure-, Verseifungs- und Ester-Zahlen sei bemerkt, dass die Zahlen, welche in der Literatur für die andern Kopal-Sorten angegeben sind, alle bedeutend höher liegen. Nur bei Kremel (vergl. meine Analyse der Harze) findet man einmal für den Manila-Kopal die Säurezahl 15,4. Man sieht also, dass in seinem ganzen Verhalten der fossile Java-Kopal ein bisher noch unbekanntes Produkt ist und sich als nicht identisch mit anderen Produkten erweist.

14. Jodzahl nach Hübl-Waller. (J.-Z. n. H.-W.)

Ebenso wie Tschirch und Niederstadt, haben auch wir die Bestimmung der Jodzahl des vorliegenden Kopals versucht. Wir verwendeten die Hübl-Wallersche Jodlösung und liessen dieselbe 24 Stunden einwirken. Der Kopal löst sich in Chloroform fast vollständig, diese Lösung gibt auf Zusatz der Jodlösung Ausscheidungen von dunkelbraunem jodiertem Harz. Die Jodzahl betrug bei 2 Versuchen 50,86—54,66.

15. Löslichkeit.

Da sich die Löslichkeit des Java-Kopals in den verschiedenen Lösungsmitteln qualitativ sehr schlecht beurteilen liess, wurde dieselbe überall quantitativ ermittelt. Die Resultate, welche hierbei gewonnen wurden, sind in nachfolgender Tabelle übersichtlich zusammengestellt und beziehen sich auf die naturelle, nicht getrocknete Droge.

Lösungsmittel	$\%$ unlöslicher Rückstand	$\%$ Verlust bei 100^0 C.	$\%$ lösliche Anteile	
			berechnet	gefunden
Alkohol 96 %	82,58		17,16	15,86
Äther 0,720	41,63		58.10	62,91
Aceton	80,61		19,12	26,24
Chloroform	2,59		97,14	101,80
Benzol	3,92		95,82	97,64
Schwefelkohlenstoff . . .	5,84		93,90	97,59
Methylalkohol	92,97	0,265	6,76	7,61
Petroläther	2,24		97,50	96,52
Chloralhydrat 60 % . . .	95,29		4,44	—
„ 80 % . . .	90,76		8,98	—
Dichlorhydrin	73,36		26,38	—
Epichlorhydrin	53,96		45,78	—
Gewöhnl. Terpentinöl . .	2,58		97,16	—

Wie aus der Tabelle ersichtlich, ist die Bestimmung der löslichen Anteile nicht angängig, weil die Rückstände beim

Eindampfen und Trocknen sich anscheinend stark oxydieren und bedeutend an Gewicht zunehmen. Es sind daher stets die „unlöslichen" Anteile angegeben und die löslichen, wie sie sich aus den unlöslichen berechnen und wie sie in Wirklichkeit — meist höher — gefunden werden. Bei der Bestimmung der Löslichkeit in Schwefelkohlenstoff machten wir nachfolgende Beobachtung, über die wir in der Literatur nichts haben finden können. Wir destillierten den Schwefelkohlenstoff vom gelösten Kopal aus einem Erlenmeyer ab und legten denselben in einen Dampftrockenschrank, welcher durch kupferne Dampfschlangen erwärmt wird. Die letzten Reste der noch im Kolben befindlichen Schwefelkohlenstoffdämpfe entzündeten sich beim Umlegen des Kolbens sofort mit explosionsartiger Heftigkeit. Da der Trockenschrank nur eine Wärme von 105—110° C., die Röhren etwa 120° C. hatten, entzündeten sich in diesem Falle die Dämpfe 29° unter der in der Literatur angegebenen Temperatur. (Es heisst überall, Schwefelkohlenstoffdämpfe entzünden sich bei 149° C. von selbst.) Diese Erscheinung können wir uns nur so erklären, dass entweder das im Schwefelkohlenstoff gelöste Harz auf ersteren beim Abdampfen zur Trockne einen stark oxydierenden Einfluss ausübte oder aber, dass bei der so bedeutenden Herabdrückung der Entzündungstemperatur der Schwefelkohlenstoffdämpfe das erhitzte Metall, in diesem Fall das oberflächlich oxydierte Kupfer der Dampfschlangen, eine Rolle spielt.

In bezug auf die Löslichkeit verhält sich der Java-Kopal ebenfalls wieder anders, als die bisher bekannten Sorten. Der ihm benachbarte Manila-Kopal ist in Alkohol nahezu löslich, in Chloralhydrat vollständig löslich. Der Java-Kopal ist in ersterem sehr schwer, in letzterem nur in ganz geringen Mengen löslich. Während sich dem Schmelzpunkt nach der Java-Kopal als ein geringwertiges Produkt erweist, muss er in bezug auf seine schwere Löslichkeit zu den besseren Sorten gerechnet werden. Wie sich die Löslichkeit nach dem Schmelzen verhält, werden nach Eintreffen des Materials weitere Versuche ergeben.

Nach Mauch kann man die Löslichkeit der Kopale in

80 %igem Chloralhydrat zur Unterscheidung der echten und
unechten Kopale aus Koniferen und Dipterocarpeen anwenden.
Da der Java-Kopal in Chloralhydrat beinahe gänzlich unlöslich ist, so muss auch er zu den **echten Kopalen** gezählt
werden.

16. Trockene Destillation.

Der Rest des uns zur Verfügung stehenden Materials,
etwa 75 g, wurde dazu benutzt, den Java-Kopal einer trockenen
Destillation zu unterwerfen. Dies geschah in einer tubulierten
Retorte von 200 ccm Fassungsraum aus Jenaer Geräteglas.
Zuerst wurde bis 360 ° C. aus dem Sandbade destilliert, später
auf freier Flamme; unterbrochen wurde erst, als in der Retorte nur ein schwarzer, kohliger Rückstand zu bemerken war,
der, als die Retorte schliesslich durchschmolz, sofort heftig
zu brennen anfing. Während der ganzen Destillation konnte
weder im Retortenhals noch im vorgelegten Kühlrohr irgend
eine Sublimation flüchtiger Säuren (Bernsteinsäure) wahrge-
nommen werden. Der Verlauf der trockenen Destillation war
folgender: Das bräunlichgraue Kopalpulver bräunte sich sehr
stark, es trat zuerst starke Bildung eines nicht kondensierbaren weissen Rauches von scharfem Geruch auf, ausserdem
war natürlich Wasserbildung sichtbar. Trotzdem sich
der Kopal, im Beginne stark aufschäumend, schon im Fluss
befand, war bis 80 ° C. keine Destillation bemerkbar. Bei
100 ° C. gingen die ersten Tropfen eines hellgelben, stark
trüben, terpentinartig riechenden, dünnflüssigen Öles über.
Bei 120 ° C. wurde die Vorlage gewechselt und das bis dahin
übergegangene, viel Wasser enthaltende Destillat als Fraktion I
bezeichnet. Dem Gewichte nach waren es 0,8 g oder 1,07 %
des Kopals.

Bis 280 ° C. wurde ein stark braungelbes und stark licht-
brechendes Öl aufgefangen und als Fraktion II bezeichnet.
Es waren 15,67 % des Kopals; das Öl roch stark brenzlig.

Die Fraktion III, 22,61 % des Kopals betragend, umfasste
die Temperaturen von 280 — 300 ° C.; dieselbe war noch
dunkler und roch ebenfalls brenzlig, auffällig an ätherisches Wermutöl erinnernd.

Wir versuchten deshalb, darin das mit dem Absynthol identische Tanaceton oder Thujon nachzuweisen. Nach dem Verfahren von Wallach[*]) schüttelten wir eine ätherische Lösung von 10 g des Destillates in 30 g Äther mit einer gesättigten Natriumbisulfitlösung mehrfach aus. Es schied sich alsbald bei Zimmertemperatur, besser aber beim Abkühlen ein aldehydschwefligsaures Salz aus. Dieses wurde mit Sodalösung zersetzt und der freigemachte Aldehyd in Petroläther gelöst und mit Brom versetzt. Der Erfolg war negativ, es konnte mit Brom kein Reaktionsprodukt erhalten werden. Da der Versuch wegen der uns zur Verfügung stehenden geringen Materialmenge nur mehr ein orientierender war, so kann das Ergebnis keinen definitiven Wert beanspruchen. Wir kommen hierauf später zurück.

Fraktion IV umfasste alles das, was zwischen 300—360° C. überging. Es war ein dunkel rötlichbraunes Öl von brenzligem, stechendem Geruch.

Dem Gewichte nach waren es 19,03% des Kopals.

Die V. Fraktion stellte das zuletzt noch übergehende, dickflüssige, grünlichbraune Öl dar, dessen Geruch deutlich an Terpentinöl erinnerte.

Die Menge betrug 12,93% vom Kopal.

Zuletzt gingen noch 0,4% eines ganz zähflüssigen, gelbbraunen Teeres, der empyreumatisch roch, über.

In der Retorte befand sich nun noch eine schwarze, kohlige Masse, die Temperatur war soweit gestiegen, dass die Retorte durchschmolz und einige Tropfen des herausfallenden Teeres heftig zu brennen anfingen. Der Rückstand, Teer und Kohle, betrug 13,87% des Kopals. Aus demselben konnte der Teer durch Äther extrahiert werden. Die ätherische Lösung desselben sieht verdünnt gelb aus; wird dieselbe durch Abdestillieren konzentriert, so resultiert eine prächtig rotgelbe Lösung, welche stark grün fluoresziert. Alkali oder Säure sind ohne Einfluss sowohl auf die Farbe, als auch auf die Fluoreszenz.

Der bei der trockenen Destillation des Kopals gehabte Verlust betrug 14,43%, der zum grössten Teil auf Rechnung

---

[*]) Die ätherischen Oele von Gildemeister und Hofmann, S. 232.

der nicht kondensierbaren Dämpfe, zum kleinsten Teil auf Rechnung des am Ende der Destillation durch Durchschmelzen der Retorte gehabten Verlustes zu setzen ist.

Die Fraktionen I bis V waren zuerst durch Wasser stark getrübt, wurden nach längerem Stehen aber völlig klar, die Farbe wurde beim Stehen bei II bis V ganz bedeutend dunkler. Soweit es im kleinen Zeiss'schen Butterrefraktometer oder im grossen Refraktometer nach Pulfrich möglich war, versuchten wir die Brechungsexponenten der verschiedenen Fraktionen zu bestimmen. Leider waren die meisten Fraktionen für diese Zwecke viel zu dunkel. Wo es die erhaltenen Mengen zuliessen, wurde mittels Pyknometers noch das spezifische Gewicht der Öle ermittelt.

Nachstehende Tabelle enthält die gewonnenen Resultate:

Fraktion Nr.	Refraktometerzahl	Brechungsexponent	Spez. Gew. bei 15° C.
I	82 Skalenteile b. 17,5° C.	1,4803	—
	41° 11' b. 17° C.	1,4812	—
II	35° 50' b. 17° C.	1,5116	0,921
III	—	—	0,928
IV	—	—	0,920
V	—	—	0,9805

Im Anschluss an diese Untersuchungen wurde noch von den Fraktionen die Jodzahl bestimmt.*) Dieselbe ist in folgender Zusammenstellung enthalten:

Fraktion Nr.	J.-Z. n. H.-W. n. 6 Std.
II	87,24— 96,53
III	113,48—120,74
IV	98,10—102,68
V	42,68

Fassen wir die gesamten Resultate zusammen, so ist schon jetzt auf Grund der vorliegenden Untersuchungen zu konstatieren, dass es sich bei dem fossilen Java-Kopal tatsächlich um ein noch unbekanntes Produkt handelt, das scheinbar mit den übrigen Kopalsorten, auch dem

---

*) Siehe Leo Schmoelling, St. Petersburg. Zur Kenntnis der Kopalöle, Ch. Ztg. 1905, 73, 955.

auf den Philippinen gewonnenen Manila-Kopal nichts gemein hat; der Kopal ist auch, wie aus den ihn begleitenden Unreinigkeiten hervorgeht, tatsächlich fossiler Natur.

In bezug auf seine Wertschätzung dürfte er weit besser als der Manila- und Kauri-Kopal sein, aber schlechter als der Benguela-Kopal, der ihn an Härte noch übertrifft. Es ist infolgedessen auch bei der Bewertung dieses Kopals nicht mehr als ungefähr M. 1,50 per Kilo auszuwerfen. Ich füge hinzu, dass man für Manila-Kopal M. 1,28 bis M. 1,34, für den guten und besten Zanzibar-Kopal über M. 5,— bezahlen muss, so dass für den immerhin verhältnismässig unreinen Java-Kopal nicht viel mehr als für Manila-Kopal angelegt werden kann.

Über die Verwertbarkeit dieses Kopals in der Lackfabrikation, für pharmazeutische Zwecke etc. behalte ich mir ebenfalls vor, nach Eintreffen der grösseren Sendung zu berichten.

Es ist mir noch eine angenehme Pflicht, Herrn H. Mix, meinem langjährigen Assistenten, für die Mithilfe, und Herrn kais. Rat Kremel, dem eigentlichen Begründer der Harzanalyse, für das freundlichst übernommene Referat meiner Arbeit herzlich zu danken.

Nachwort: Leider ist trotz zahlreicher Korrespondenzen bis heute noch kein weiteres Untersuchungsmaterial eingegangen. Es ist also nicht unsere Schuld, wenn wir bisher nicht in der Lage waren, die Untersuchungen fortsetzen zu können.

Dammar.

(Dammarharz.)

Untersuchungsmethode: nach K. Dieterich, Analyse der Harze, Seite 127 und nach dem D. A. IV.

Untersuchungsresultate:

Nr.	% Asche	S.-Z. ind.	Bemerkungen	
A. Batavia-Dammar.				
1	0,18	26,41	Erweicht bei 100° C. E. s. d. A. d. D. A. IV.	
2	0,11	27,80	,,	,,
3	Spuren	30,66	,,	,,
4	,,	28,42	,,	,,
5	0,00	26,41	,,	,,
6	Spuren	27,80—30,58	,,	,,
7	,,	25,02	,,	,,
8	,,	29,55	,,	,,
9	0,18	28,51	,,	,,
10	0,08	29,02	,,	,,
11	0,109	28,74	,,	,,
12	Spuren	23,52	,,	,, (electum)
13	0,13	29,12	,,	,, (granulatum)
14	0,24	25,76	,,	,,
15	Spuren	23,52	,,	,, (naturale)
16	,,	29,01	,,	,,
17	,,	24,44	,,	,,
18	,,	25,00	,,	,,
19	0,00	28,00	,,	,,
20	0,00	28,56	,,	,,

Beanstandet wurden:

Nr.	% Asche	S.-Z. ind.	Bemerkungen	
1	0,68	23,83	Erweicht bei 100° C.	E. s. d. A. d. D. A. IV. bis auf den hohen Aschengehalt und die mechan. Verunreinigungen. (Bestehend aus Sand- und Holzstückchen).
2	0,709	24,39	,,	E. s. d. A. d. D. A. IV.

Diese beiden beanstandeten Muster waren uns als sogenannte Dammar-Abfälle angeboten worden.

B. Singapore-Dammar.

Nr.	% Asche	S.-Z. ind.	Bemerkungen
1	0,04	33,60	Erweicht bei 100° C. E. s. d. A. d. D. A. IV. bis auf die etwas dunklere, mehr gelbe Farbe.

Mastix.

(Mastix.)

Untersuchungsmethode: nach K. Dieterich, Analyse der Harze, S. 164—168, und nach dem Ergänzungsbuch zum Arzneibuch für das Deutsche Reich, II. Ausg., S. 205, resp. III. Ausg., S. 237.

Untersuchungsresultate:

Im Berichtsjahre kam eine kleine Sendung von levantinischem Mastix zur Untersuchung. Die im Aussehen u. s. w. den im Ergänzungsbuche gestellten Anforderungen entsprechende Sendung hatte einen Aschengehalt von 0,42 % und blieb mit einer S.-Z. d. von 51,49 in den von uns angegebenen Grenzen.

Resina Jalapae.

(Jalapenharz.)

Untersuchungsmethode: nach K. Dieterich, Analyse der Harze, S. 154 und nach dem D. A. IV.

Untersuchungsresultate:

Jalapenharz wurde im Jahre 1905 nur einmal geprüft und lieferte folgende Werte:

S.-Z. d. 11,20
E.-Z. 137,20
V.-Z. h. 148,40

Die in Chloroform löslichen Anteile wurden von dieser sonst dem D. A. IV. entsprechenden Ware nicht bestimmt.

Resina Lacca.

(Schellack.)

Untersuchungsmethode: nach K. Dieterich, Analyse der Harze, S. 180 resp. K. Dieterich, Chem. Revue 1901. S. 222—246.

Untersuchungsresultate:

Im Berichtsjahre kamen weder weisser noch blonder Schellack zur Untersuchung. Auch künstlicher Schellack, auf dessen Darstellung in den letzten Jahren verschiedene Herstellungspatente genommen worden sind, lag uns im vergangenen Jahre nicht zur Prüfung vor. Dagegen wurde uns durch Herrn Professor Dr. Sonne von der Untersuchungsanstalt für Handel und Gewerbe in Darmstadt eine kleine Probe eines Präparates zur Begutachtung eingesandt, welches unter dem Namen Diana-Schellack in der Hutfabrikation Verwendung finden soll.

Über die vorgenommene Prüfung berichten wir wie folgt:

Diana-Schellack.

Das unter dem Namen „Diana-Schellack" vorliegende Präparat stellt eine körnige Harzmasse dar, deren einzelne Körner scharfkantig, vollkommen durchsichtig und von gelblich-weisser Farbe sind. Ausgeprägte Perlen- oder Tränenform, wie sie Mastix oder Sandarak eigentümlich sind, besitzen die Körner nicht, die Masse macht vielmehr den Eindruck eines zusammengeschmolzenen Harzgemisches, das nachher zerkleinert wurde. Zwischen den Fingern lässt sich der fragliche Diana-Schellack leicht zu feinem Pulver zerreiben, welches schwach balsamisch riecht. Beim Kauen klebt derselbe an den Zähnen, aber nicht so stark und dauernd wie etwa Mastix. Im Dampfbade erwärmt, erweicht die Masse nur, bei stärkerem Erhitzen schmilzt sie unter

Verbreitung eines deutlichen Geruches nach Terpentin, ähnlich wie schmelzendes Kolophonium. In Essigsäureanhydrid gelöst und mit Schwefelsäure versetzt, tritt sofort eine violette Färbung ein, welche sich längere Zeit hält und dann in grün und grünschwarz übergeht.

In kaltem Alkohol von 96 % löst sich der Diana-Schellack bis auf wenige Flocken auf, beim Zusatz von alkoholischer Kalilauge entstehen Abscheidungen, die sich bei vorsichtigem Zusatz von Säure und Erwärmen wieder lösen. In heissem Essigsäureanhydrid löst sich der Diana-Schellack klar auf, die Lösung trübt sich beim Erkalten jedoch ohne etwas abzuscheiden.

In Aceton, Äther, Benzol und Chloroform, ferner in 60- und 80 %iger Chloralhydratlösung ist der Diana-Schellack nur teilweise, in Benzin und Petroläther fast unlöslich. Wegen der geringen zur Verfügung stehenden Menge war es leider nicht möglich, die Löslichkeitsverhältnisse quantitativ zu ermitteln, qualitativ wurden dieselben im Verhältnis 0,1 : 10 angestellt. Von Konstanten wurde nur die Säurezahl (direkt) und die Verseifungszahl heiss bestimmt.

$$\text{S.-Z. d. } 131{,}10\text{—}131{,}47$$
$$\text{V.-Z. h. } 181{,}42\text{—}182{,}60$$
$$\text{E.-Z. } \quad 50{,}32\text{— } 51{,}13$$

Die Zahlen stimmen am besten mit denen des Kopals (K. Dieterich, Analyse d. Harze) überein, jedoch spricht die fast gänzliche Löslichkeit in Alkohol gegen die Anwesenheit von hartem Kopal.

Wie wir durch persönliche Erkundigungen in Erfahrung bringen konnten, wird bei der Hutfabrikation tatsächlich reiner, blonder resp. gebleichter, weisser Schellack zum Steifen der Hüte gebraucht, man darf deshalb wohl annehmen, dass das unter dem Namen Diana-Schellack vorliegende Harz ein minderwertiges Surrogat desselben darstellt.

Der geringen zur Verfügung stehenden Materialmenge wegen, die eine Trennung in einzelne Bestandteile nicht zuliess, war es leider nicht möglich, festzustellen, aus welchem Harzgemisch dieser Schellackersatz bestand.

Konstanten der in Betracht kommenden Harze (nach Dr. K. Dieterich's Analyse der Harze).

	S.-Z.	V.-Z.
Colophonium	145—185	—
Copal . . .	128,0; 136,0; 144,0	179,3; 188,5
Dammar . .	20—30	—
Elemi . . .	18,08—24,48	25,72—27,68
Mastix . . .	44,80—109,20	—
Sandarak . .	145,6—154,0	—

Über künstliche Schellacke vergl. auch die Helfenberger Annalen 1903, S. 83 und 1904, S. 47—48.

Resina Pini.

(Fichtenharz.)

Untersuchungsmethode: nach K. Dieterich, Analyse der Harze, S. 170 und nach dem Ergänzungsbuch zum Arzneibuch für das Deutsche Reich, III. Ausg. S. 299.

Untersuchungsresultate:

Nr.	S.-Z. d.	E.-Z.	V.-Z. h.	$^0/_0$ Verlust bei 100° C.	$^0/_0$ Asche
1	147,80	12,98	160,78	9,75	0,04
2	145,70	11,58	157,28	13,30	0,05
3	144,00	7,80	151,80	12,43	—
4	151,20	8,40	159,60	7,90	—

Resina Thapsiae.

(Thapsiaharz.)

Untersuchungsmethode: nach K. Dieterich, Analyse der Harze, S. 203—207.

Untersuchungsresultate:

Im Berichtsjahre kamen zwei Sendungen französischen Thapsiaharzes zur Untersuchung. Nachstehend die erhaltenen Werte:

	I	II
$^0/_0$ Verlust bei 100° C.	9,25	6,88
$^0/_0$ Asche	0,41	0,69
$^0/_0$ in Petroläther lösliche Anteile	50,28	56,67
V.-Z. h. des in Petroläther löslichen Anteils	250,00	291,00
$^0/_0$ in Alkohol löslicher Anteil	63,83	49,07
V.-Z. h. des in Alkohol löslichen Anteils	377,49	—
G.-V.-Z.	341,02	336,90

Succinum.

(Bernstein.)

Untersuchungsmethode: nach K. Dieterich, Analyse der
Harze, S. 95—100 und nach dem Ergänzungsbuch zum
Arzneibuch für das Deutsche Reich, II. Ausg. S. 289,
resp. III. Ausg. S. 341.

Untersuchungsresultate:

Im Berichtsjahre kam nur eine Sendung feine Bern-
steinabfälle zur Untersuchung. Die mechanisch wenig ver-
unreinigte Ware entsprach den Anforderungen des Ergänzungsbuchs, der Aschegehalt betrug 1,155 %.

Terebinthinae.

(Terpentine.)

Terebinthina veneta.

(Venetianischer oder Lärchenterpentin.)

Untersuchungsmethode: nach K. Dieterich, Analyse der
Harze, S. 213 und nach dem Ergänzungsbuch zum
Arzneibuch für das Deutsche Reich, III. Ausg. S. 349.

Untersuchungsresultate:

Nr.	S.-Z. d.	E.-Z.	V.-Z. h.	Bemerkungen
1	66,83	48,07	114,90	etwas trübe, durch Wassergehalt.
2	72,86	50,34	123,20	—
3	67,47	49,43	116,90	etwas trübe, durch Wassergehalt.
4	72,39	56,47	128,86	—
5	68,81	47,58	116,39	—
6	67,20	42,00	109,20	etwas trübe, durch Wassergehalt.
7	67,59	40,11	107,70	„ „

C. Gummiharze.

Myrrha.

(Myrrhe.)

Untersuchungsmethode: nach K. Dieterich, Analyse der
Harze, S. 250 und 251 und nach dem D. A. IV.

Untersuchungsresultate:

Im Berichtsjahre kamen zwei kleine Sendungen von
„Myrrha pulverata" zur Untersuchung. Die Werte sind nachstehend aufgeführt:

	I	II
S.-Z. d.	28,24	24,75
E.-Z.	174,56	187,07
V.-Z. h.	202,80	211,82
$\%$ in siedendem Weingeist unlösliche Anteile	59,40	61,75
$\%$ Asche	12,28	11,46

Abgesehen von dem hohen Aschegehalt entsprachen beide
Sendungen den Anforderungen des D. A. IV.

Benzinum Petrolei.

(Petroleumbenzin.)

Untersuchungsmethode: nach dem D. A. IV.

Untersuchungsresultate:

Im vergangenen Jahre wurden hier 38 Fass Benzin untersucht. Das spez. Gewicht bei 15° C. schwankte zwischen 0,719 bis 0,725. Bis auf dieses und den Siedepunkt entsprach das Benzin den Anforderungen des D. A. IV., mit konzentrierter Schwefelsäure wurde dasselbe nicht gelb wie vielfach in früheren Jahren.

Ausser diesem hier für technische Zwecke (wie Fett-, Öl-extraktionen etc.) gebrauchten Benzin wurden im Berichtszeitraum noch 10 Fass Motor-Benzin (Automobilbenzin) geprüft. Das spez. Gewicht dieser Benzinsorte schwankte zwischen 0,679 bis 0,681. Mit konzentrierter Schwefelsäure wurde dieses Benzin ebenfalls nicht, dagegen durch Bromdämpfe sofort gelb gefärbt.

Benzolum.

(Benzol.)

Untersuchungsmethode: nach dem Ergänzungsbuch zum Arzneibuch für das Deutsche Reich, II. Ausg., S. 46 resp. III. Ausg., S. 44 und nach E. Schmidt, org. Chemie, IV. Aufl., S. 938—941.

Untersuchungsresultate:

Im Jahre 1905 kam nur eine Sendung Benzol zur Untersuchung. Qualitativ entsprach dieses völlig den vom Ergänzungsbuch gestellten Anforderungen. Das spez. Gewicht war mit 0,885 etwas über der Höchstgrenze.

Bismutum subnitricum.

(Basisches Wismutnitrat.)

Untersuchungsmethode: nach dem D. A. IV.

Untersuchungsresultate:

Nr.	$\%$ Bi_2O_3	Bemerkungen
1	79,49	E. s. d. A. d. D. A. IV vollständig.
2	79,23	„

Der Glührückstand bewegte sich dieses Jahr in den vom D. A. IV. normierten Grenzen.

Bleiverbindungen.

Cerussa.

(Bleiweiss.)

Untersuchungsmethode: nach dem D. A. IV.

Untersuchungsresultate:

Von Bleiweiss kam im Berichtsjahre nur 1 Fass zur Prüfung. Der Glührückstand betrug 86,14 %, qualitativ entsprach die Sendung den Anforderungen des D. A. IV. Von der Bestimmung des in Salpetersäure unlöslichen Rückstandes wurde diesmal abgesehen.

Lithargyrum.

(Bleiglätte.)

Untersuchungsmethode: nach dem D. A. IV.

Untersuchungsresultate:

Nr.	$\%$ Glüh-verlust	$\%$ in Essig-säure unlöslich	Bemerkungen
1	0,27	0,596	Enth. deutliche Spuren Fe. E. s. d. A. d. D. A. IV.
2	0,90	0,204	— ,,
3	0,36	0,18	Enth. sehr deutl. Spuren Fe. ,,
4	0,46	0,24	,, ,, ,, ,,
5	0,47	0,48	.. sehr geringe ,, ,,
6	0,50	0,62	.. .. .. ,,
7	0,47	—	,, .. ,, ,,
8	0,70	0,30	,, ,, ,, ,,
9	0,92	0,38	,, deutliche ,, ,,

Zu Beanstandungen war in diesem Jahre keine Veranlassung.

Minium.

(Mennige.)

Untersuchungsmethode: nach dem D. A. IV.

Untersuchungsresultate:

Im vergangenen Jahre kamen 2 Sendungen Mennige zur Untersuchung. Qualitativ entsprachen beide den Anforderungen des D. A. IV., der in Salpetersäure unlösliche Rückstand betrug in dem einen Falle $0,228\,\%$, im andern wurde er nicht gewogen, da die Mennige bis auf einen geringen Rückstand löslich war.

Calcium carbonicum praecipitatum.

(Calciumkarbonat.)

Untersuchungsmethode: nach dem D. A. IV.

Untersuchungsresultate:

Beide im Berichtsjahre zur Untersuchung gekommene Sendungen Calciumkarbonat lösten sich im Verhältnis 1 : 50 in mit Essigsäure angesäuertem Wasser nicht vollkommen klar auf. Das Filtrat der wässerigen Ausschüttelung 1 : 50 reagierte in beiden Fällen schwach alkalisch.

Die eine Sendung enthielt noch geringe Spuren Eisen.

Im übrigen entsprachen beide Präparate den Anforderungen des D. A. IV.

Camphora.

(Kampher.)

Untersuchungsmethode: nach dem D. A. IV.

Untersuchungsresultate:

Im Berichtsjahre kamen 2 Sendungen Kampher zur Untersuchung, die beide den Anforderungen des D. A. IV. vollständig entsprachen. Der Handelswert für Kampher ist ganz bedeutend gestiegen, er betrug bei unserm letzten Einkauf 800 M. per 100 kg. Künstlicher Kampher wurde uns im Jahre 1905 nicht angeboten; derselbe hat sich als Ersatz des echten Kamphers auch nicht bewährt.

Cantharides.

(Spanische Fliegen.)

Untersuchungsmethode: nach dem D. A. IV. und $\%$ Verlust bei 100^0 C. eventuell $\%$ freies Kantharidin nach der Methode des D. A. IV. ohne Verwendung von Salzsäure. Näheres darüber siehe K. Dieterich, Ph. Ztg. 1901, Nr. 84.

Untersuchungsresultate:

Im Berichtsjahre wurde uns von einer Hamburger Drogen-Exportfirma ein Kaufsmuster russischer Provenienz eingesandt.

Die Probe als Kanthariden-Absiebsel bezeichnet bestand nur aus Bruchstücken und viel feinpulverigen Teilen. Trotz seiner minderwertigen äusseren Beschaffenheit unterwarfen wir dasselbe des Interesses halber der Prüfung nach dem D. A. IV. und erhielten hierbei nachstehende Werte:

$11{,}69\,\%$ Verlust bei 100^0 C.,

$6{,}24\,\%$ Asche,

$0{,}628\,\%$ Gesamt-Kantharidin.

Der Feuchtigkeits- und Aschegehalt war demnach höher als bei Ware von normaler Beschaffenheit, der Gehalt an wirksamen Bestandteilen betrug — wie zu erwarten — nur reichlich Dreiviertel von dem vom D. A. IV. geforderten Gehalt.

Charta filtrata.

(Filtrierpapier.)

Untersuchungsmethode: Prüfung des Aschegehalts durch
Veraschen von 100—250 qcm Papier. Prüfung auf
wasserlösliche Bestandteile. Mehrstündiges Digerieren
von 500 qcm Papier mit 100 ccm warmem Wasser
und Prüfung von je 20 ccm Filtrat auf Salz-, Schwefel-
und Salpetersäure.

Untersuchungsresultate:

Von einer grösseren Sendung Filtrierpapier dick für
pharmazeutische Zwecke wurden 250 qcm = 2,2 g verascht.
Der Glührückstand wog 0,008 g oder für 1000 qcm 0,032 g.
Auf 100 g Papier umgerechnet ergaben sich 0,364 % Asche.
Bei der Prüfung auf wasserlösliche Bestandteile wurden
während einer Viertelstunde auf die 3 obengenannten Säuren
keine Reaktionen erhalten. Nach längerer Zeit trat mit
Silbernitratlösung schwache Opaleszenz ein.

Obwohl wir nur Filtrierpapier für pharmazeutische
Zwecke in den Handel bringen, wurde uns eine Sendung
von einer photographischen Firma retourniert, weil es nicht
„chemisch rein" sei, Silbernitratlösungen sollten durch dasselbe filtriert trübe werden.

Zur Bestimmung der Asche wurden 2×250 qcm Papier
= 2,0304 und 2,0812 g verbrannt und 0,393—0,394 % Asche
ermittelt. In der Asche wurden deutlich Calcium, Eisen und
Spuren von Phosphorsäure nachgewiesen.

Behufs Nachweis von wasserlöslichen Bestandteilen wurden
2×500 qcm Papier mit 100 ccm Wasser in der oben angegebenen Weise 24 Stunden mazeriert. In dem filtrierten
Mazerat konnte weder eine Base noch eine Säure nachgewiesen
werden.

Wurde das Papier jedoch mit durch Salpetersäure angesäuertem Wasser ausgezogen, so wurde bei der Prüfung

auf Chloride eine ganz schwache Trübung erhalten, während auf Calciumverbindungen eine sehr deutliche Reaktion eintrat.

Silbernitratlösung, welche durch mehrere Filter filtriert wurde, die verschiedenen Bogen der beanstandeten Sendung entstammten, wurde nicht getrübt; die Reklamation war somit hinfällig.

Chlorophyllum.

(Chlorophyll.)

Untersuchungsmethode: Bestimmung des Verlustes bei 100° C. Bestimmung des Glührückstandes. Prüfung der Löslichkeit in Äther, Alkohol und Chloroform.

Untersuchungsresultate:

Im vergangenen Jahre kam eine Probe Chlorophyllum spissum (öl- und fettlöslich) zur Prüfung. Das pastenartige Präparat war leicht löslich in Äther, Alkohol und Chloroform.

Der Verlust bei 100° C. betrug 1,50%, der Aschegehalt 0,95%. Die qualitative Prüfung der Asche ergab deutliche Kupferreaktion.

Colla piscium.

(Hausenblase.)

Untersuchungsmethode: siehe Helfenberger Annalen 1897, S. 329, nur mit der Erweiterung, dass nicht nur 4 mal, sondern allgemein bis zur völligen Erschöpfung ausgekocht wird, was unter Umständen noch öfteres Auskochen erfordert.

Untersuchungsresultate:

Nr	$^0/_0$ Feuchtigkeit	$^0/_0$ in Wasser unlöslicher Rückstand	Bemerkungen
1	16,17	15,75	Leim ganz weiss u. geruchlos. Ware bestand aus grossen, hellen Blasen.
2	14,86	17,51	Leim weiss u. geruchlos. Ware bestand aus handtellergrossen Blasen.
3	15,84	17,01	Leim weiss u. geruchlos. Ware bestand aus kleinen Blasen.
4	20,08	15,62	Leim fast farb- u. geruchlos, gut klebend. Äusseres der Ware schön.
5	20,06	9,80	do.
6	18,60	12,08	Leim fast farblos, nicht riechend u. gut klebend, runde, grosse Blasen.
7	19,32	12,65	Leim fast farblos, nicht riechend u. gut klebend, längliche, grosse Blasen.
8	16,74	10,30	Leim farblos.
9	16,67	9,82	Leim etwas geblich, aber gut klebend.
10	17,38	14,12	—
11	—	14,77	—
12	—	18,18	—
13	—	16,71	—
14	16,52	16,40	Leim wenig gefärbt, von geringem Geruch und guter Klebkraft.
15	20,80	15,70	Leim wenig gefärbt, von geringem Geruch und guter Klebkraft.

Beanstandet wurden:

Nr	$^0/_0$ Feuchtigkeit	$^0/_0$ in Wasser unlöslicher Rückstand	Bemerkungen
1	18,82	27,00	Leim fast farb- und geruchlos, gut klebend.
2	21,46	20,71	„ weiss und fast geruchlos.
3	21,35	25,50	„ „ „ geruchlos.
4	17,61	22,06	Leim gelb mit etwas Geruch. Ware bestand aus grossen, starken, dunklen Blasen.
5	16,70	22,32	Leim gelb mit etwas Geruch. Ware bestand aus Blasen mittlerer Grösse.

Dextrinum.

(Dextrin.)

Untersuchungsmethode: siehe E. Schmidt, Organ. Chemie IV. Aufl., S. 875 und 876 und nach dem Ergänzungsbuch zum Arzneibuch für das Deutsche Reich, II. Ausg., S. 83 und 84, resp. III. Ausg., S. 88 und 89.

Untersuchungsresultate:

Im Jahre 1905 kamen 2 Sendungen Dextrin zur Prüfung. Die vom Ergänzungsbuch geforderten qualitativen Prüfungen wurden bis auf eine deutliche Bläuung mit Jodlösung, von unzersetzter Stärke herrührend, sämtlich ausgehalten.

Von quantitativen Bestimmungen wurde nur der Aschegehalt, der von 0,26—0,32 % schwankte, ermittelt.

Ferrum lacticum.

(Ferrolaktat.)

Untersuchungsmethode: nach dem D. A. IV.

Untersuchungsresultate:

Im Jahre 1905 kam eine Sendung Ferrum lacticum zur Untersuchung. Dieselbe hatte einen Gehalt von 29,00 % Eisenoxyd resp. 20,30 % Eisen und entsprach auch qualitativ den Anforderungen des Deutschen Arzneibuchs.

Ferrum sesquichloratum crystallisatum purum.

(Krystallisiertes Eisenchlorid.)

Untersuchungsmethode: Best. des spez. Gew. der Lösung (1 + 1) bei 17,5° C. und nach dem D. A. IV.

Untersuchungsresultate:

Nr.	Spez. Gew. der Lösung (1+1) bei 17,5° C.	$^0/_0$ Fe_2Cl_6 $+ 12\,H_2O$	$^0/_0$ Fe_2Cl_6	Bemerkungen
1	1,3046	51,68	31,05	E. s. d. A. d. D. A. IV bis auf deutl. Spuren von H_2SO_4
2	1,2936	50,12	30,13	,, ,,
3	1,2930	50,04	30,08	,.
4	1,2956	50,41	30,30	,, ,,
5	1,2938	50,14	30,14	,, ,,
6	1,2930	50,04	30,08	,,
7	1,2930	50,04	30,08	,, ,,
8	1,3067	51,96	31,22	,, bis auf geringe Spuren von H_2SO_4
9	1,2980	50,75	30,50	,, ,,
10	1,2930	50,04	30,08	,, bis auf deutl. Spuren von H_2SO_4
11	1,2937	50,13	30,13	,, ,, (gab mit Ammoniak keine Nebel, dagegen m. Jodzinkstärkepapier deutl. Bläuung)
12	—	—	—	E. s. d. A. d. D. A. IV.
13	1,2935	50,11	30,12	,, bis auf Spuren von H_2SO_4
14	1,2935	50,11	30,12	,, ,, deutl. ,, ,, ,,

Ferrum sulfuricum oxydulatum siccum.

(Trockenes Eisenoxydulsulfat.)

Untersuchungsmethode: nach dem D. A. IV.

Untersuchungsresultate:

Von oben genanntem Präparat kam im Berichtsjahre eine Sendung zur Prüfung. Dieselbe entsprach den Anforderungen des D. A. IV., der Gehalt betrug 85,88 $^0/_0$ $FeSO_4$.

Fette und Öle nebst Fett- und Ölsäuren.

A. Fette und Fettsäuren.

Acidum stearinicum crudum.

(Roh-Stearinsäure.)

Untersuchungsmethode: siehe Helfenberger Annalen 1897, S. 330 in dem Sinne erweitert, dass ausserdem noch die J.-Z. nach H.-W. bestimmt wird, und nach dem Ergänzungsbuch zum Arzneibuch für das Deutsche Reich, III. Ausg., S. 9.

Untersuchungsresultate:

Nr.	Schmelzpunkt ⁰ C.	S.-Z d.	E.-Z.	V.-Z. h.	J.-Z. n. H.W.
1	56,0	202,06	3,69	205,75	2,44
2	57,0	201,85	3,55	205,40	—
3	56,0—57,0	202,93	4,64	207,57	3,05
4	56,0	203,10	0,40	203,50	3,13
5	57,0	203,10	1,30	204,40	—
6	—	—	—	209,52—209,85	—
7	54,0	207,69	0,65	208,34	5,80
8	55,0	207,95	1,41	209,36	—
9	54,5	211,40	0,00	211,40	4,00

Beanstandet wurden:

Nr.	Schmelzpunkt ⁰ C.	S.-Z d.	E.-Z.	V.-Z. h.	J.-Z. n. H.W.
1	51,0—51,5	211,40	0,00	211,40	23,18
2	55,0	203,44	2,10	205,54	26,67—27,30

Adeps suillus.

(Schweinefett.)

Untersuchungsmethode: siehe Helfenberger Annalen 1897, S. 331 und 332 und nach dem D. A. IV.

Untersuchungsresultate:

Nr.	Schmelz-punkt ° C.	S.-Z.	J.-Z. n. H.-W.	Bemerkungen
a) Selbstausgelassen.				
1	42,0	0,84	54,05	E. s. d. A. d. D. A. IV.
2	43,0	0,84	53,88	,,
3	44,0—45,0	0,44	50,11	,,
Beanstandet wurden:				
1	46,0	1,96	53,10—53,52	E. s. d. A. d. D. A. IV.
2	45,0—46,0	0,56	52,46—52,97	,,
3	46,0	1,68	51,00—51,14	,,
4	40,0—41,0	1,34	56,90	,,
5	41,0—42,0	2,12	58,96	,, Geruch etwas ranzig.
b) Amerikanisch.				
1	41,0—42,0	1,68	63,70	E. s. d. A. d. D. A. IV.
2	39,0—40,0	1,67	59,92—61,26	,,
3	40,0—41,0	1,19	62,95	,,
4	40,0—41,0	1,19	62,73	,,
5	40,0—41,0	1,19	63,75	,,
6	41,0—42,0	1,99	62,07—63,49	,,
7	42,0	1,66	62,30	,,
8	41,0—42,0	2,08	61,80	,,
9	41,0	1,66	63,21	,,
10	41,0—42,0	1,66	63,48	,,
11	41,0—42,0	1,97	61,34	,,
12	42,0—43,0	3,75	57,66—58,89	,,
13	42,0	1,68	59,29—59,75	,,
14	41,0	1,68	60,56—61,24	,,
15	40,0	2,80	61,69—61,83	,,
16	38,0	1,12	64,00—65,27	,,
17	38,0	1,56	64,83	,,

Beanstandet wurden:

Nr.	Schmelz-punkt ⁰ C.	S.-Z.	J.-Z. n. H.-W.	Bemerkungen
1	43,0	2,87	71,04—71,67	D. A. d. D. A. IV. nicht entsprechend.
2	39,0—40,0	3,89	44,21—45,32	193,10—196,55 V.-Z. h. Die Konsistenz dieses Fettes war talgartig fest, das Fett selbst von eigentümlich fremdartigem Geruch, der nicht im mindesten an reines Schweinefett erinnerte.

Im Berichtsjahre wurde von J. Weiwers, Chemiker-Ztg. 1905 Nr. 63, S. 841—842, ein Apparat zur Bestimmung der Jodzahl in Fetten und Ölen empfohlen, den wir angeschafft haben. Der Apparat besteht aus einer tubulierten dunkelbraunen Glasstöpselflasche von 2 Liter Inhalt, welche durch ein in den Tubus eingeschliffenes Glasabflussrohr mit einer ebenfalls dunkelbraunen 30 ccm haltenden Überlauf-Pipette verbunden ist. Der ganze Apparat ist, um ihn vor Licht zu schützen, in einen transportablen Kasten eingebaut. Davon abgesehen, dass der Apparat mit 30 ccm Hübl-, resp. Hübl-Waller'scher Jodlösung pro Bestimmung arbeitet, wie zurzeit auch die meisten Vorschriften zur Jodzahlbestimmung (man muss deshalb zur Titerstellung die 50 ccm Bürette 2 mal auffüllen), so haben wir insofern eine Schattenseite dieses Apparates bemerkt, als die an den inneren Wänden der Überlauf-Pipette nach jedesmaligem Gebrauch noch befindliche Jodlösung verdunstet und ein rotes Salz (wahrscheinlich eine Doppelverbindung von Sublimat und Jod-Quecksilber) auskristallisieren lässt. Das Auskristallisieren setzt sich nach und nach auch durch die Kommunikationsöffnungen mit der äusseren Luft nach den Aussenseiten hin fort. Um von den für den Fabrikbetrieb für Jodzahlbestimmungen zu kostspieligen Sendtner'schen Kölbchen (Erlenmeyer mit eingeschliffenem Glasstöpsel) unabhängig zu sein, haben wir uns den ganzen Apparat etwas höher montiert und können dadurch starke, weisse Glasstöpselflaschen von 750 g Inhalt zur Bestimmung der Jodzahlen benutzen.

Presstalg (aus Rindertalg).

Untersuchungsmethode: siehe Helfenberger Annalen 1897,
S. 333.

Untersuchungsresultate:

Von Presstalg kamen im Berichtsjahre nur zwei als gut
befundene Sendungen zur Untersuchung. Die bei derselben
ermittelten Werte waren folgende:

	I	II
Schmelzpunkt ^{0} C.	55,0—56,0	55,0
J.-Z. n. H.-W.	17,51	18,70
S.-Z.	0,448	0,392

Aussehen und Farbe waren bei beiden Sendungen normal,
die Jodzahlen waren wieder niedriger entsprechend denen in
früheren Jahren.

Sebum bovinum.

(Rindertalg.)

Untersuchungsmethode: siehe Helfenberger Annalen 1897,
S. 333.

Untersuchungsresultate:

Nr.	Schmelz-punkt ^{0} C.	S.-Z.	J.-Z. n. H.-W.	Bemerkungen
I. Sorte.				
1	48,0	1,40	38,32	Aussehen und Geruch normal.
2	48,0	1,96	36,87	„
3	48,5	1,40	36,88	„
4	47,0	1,66	37,75	„
5	47,0	1,23	38,45	„
II. Sorte.				
1	47,0	0,95	40,70	„ Farbe etwas dunkel.
2	47,0	4,87	39,52	„
3	47,0—48,0	5,09	34,36	„
Beanstandet wurde:				
1	45,0	12,14	37,53	Farbe dunkelgrau, Geruch sehr ranzig.

Sebum ovile.

(Hammeltalg.)

Untersuchungsmethode: siehe Helfenberger Annalen 1897, S. 333 und nach dem D. A. IV.

Untersuchungsresultate:

Nr.	Schmelz-punkt °C.	S.-Z.	J.-Z. n. H.-W.	Bemerkungen
A. Deutscher Hammeltalg.				
1	47,0	1,23	37,82	E. d. A. d. D. A. IV bis auf die Wein- geistprüfung.
2	47,0—48,0	1,45	39,60	„ „
3	49,0	1,95	35,44	„ „ (starke Trübung.)
4	47,0	2,80	38,53	„ „ „
5	47,0	2,90	38,38	„ „ „
6	47,0	4,47	39,27	„ „
7	47,0	3,02	42,07	„ „
8	47,0	3,24	38,68	„ „
9	47,0	1,79	37,01	„
10	47,0	1,82	38,39	„
11	48,0—49,0	2,80	38,10—38,59	„
12	49,0	3,36	38,42—38,46	„
13	48,0	1,12	38,47	„
14	48,0	2,35	38,54	„
15	48,0	2,02	37,73	„ b. a. d. Weingeistprüfung.
16	48,0	1,91	—	„ „
17	48,0—49,0	2,24	38,64	„
18	48,0	2,81	40,22	„
19	48,0—49,0	2,90	41,65	„
20	49,0	0,87	39,23	„
21	48,0—49,0	1,42	37,40	„
Beanstandet wurde:				
1	45,0—46,0	9,76	40,76	E. d. A. d. D. A. IV. bis auf die Wein- geistprüfung.

Nr.	Schmelz-punkt °C.	S.-Z.	J.-Z. n. H.-W.	Bemerkungen

B. Australischer Hammeltalg.

Nr.	Schmelz-punkt °C.	S.-Z.	J.-Z. n. H.-W.	Bemerkungen
1	47,0	1,34	43,10	E. d. A. d. D. A. IV. bis auf die Wein-geistprüfung.
2	46,0—47,0	1,45	42,95	,, ,,
3	47,0—48,0	1,56	43,36	,,
4	50,0	1,68	36,50	,, ,, Opaleszenz.) (starke
5	47,0	3,92	38,89	,, ,,

Beanstandet wurden:

Nr.	Schmelz-punkt °C.	S.-Z.	J.-Z. n. H.-W.	Bemerkungen
1	47,0	6,98	39,22	E. d. A. d. D. A. IV. bis auf die Wein-geistprüfung.
2	47,0	7,28	37,15	War von sehr dunkler Farbe und sehr unangenehmem Geruche.
3	50,0	5,60	48,53	Geruch sehr unangenehm.
4	41,0	—	43,75—44,15	—

B. Öle und Ölsäuren.

Acidum oleinicum crudum album.

(Rohes weisses Olein.)

Untersuchungsmethode: siehe Helfenberger Annalen 1897, S. 334 und 335 und nach dem Ergänzungsbuch zum Arzneibuch für das Deutsche Reich, III. Ausg., S. 7.

Untersuchungsresultate:

Nr.	S.-Z. d.	E.-Z.	V.-Z. h.	J.-Z. n. H.-W.	Bemerkungen
1	190,66	8,25	198,91	84,35	—
2	191,12	6,09	197,21	83,08	—
3	193,88	7,68	201,56	82,52 (n. 1 Std.) 84,99 (n. 2 Std.) 90,84 (n. $3^1/_2$ Std.)	—
4	193,64	4,91	198,55	83,81 (n. 1 Std.) 84,18 (n. 2 Std.) 91,50 (n. $3^1/_2$ Std.)	—
5	192,07 / 193,34	3,13 / 4,87	195,20 / 198,21	84,51	Refr. bei 17^0 C. = 52 Sk.T., 0,896 spez. Gew. bei 15^0 C. (war Columbia Olein von grüngelber Farbe).
6	190,24	3,45	193,69	84,85	von hellgelber Farbe, 0,895 spez. Gew. bei 15^0 C. Refr. bei 17^0 C. = 52 Sk.T.
7	198,50	3,81	202,31	80,69	0,8968 spez. Gew. bei 15^0 C.
8	197,59	1,85	199,44	82,64	0,8950 ,,
9	195,60	1,99	197,59	88,94 — 89,40	bei gew. Temperatur flüssig. Refr. bei 18^0 C. = 55 Sk.T.
10	192,35 / 192,28	5,55 / 4,52	197,90 / 196,80	89,37	bei gewöhnl. Temperatur flüssig. Refr. bei 18^0 C. = 54 Sk.T.
11	197,50	13,10	210,60	84,39	—
12	198,00	11,20	209,20	84,57	—
13	198,70	11,30	210,00	—	—
14	193,20	2,20	195,40	85,07	—
15	192,30	2,40	194,70	—	—
16	193,20	1,90	195,10	85,39	—

Acidum oleinicum crudum flavum.

(Rohes gelbes Olein.)

Untersuchungsmethode: siehe Helfenberger Annalen 1897, S. 334 u. 335.

Untersuchungsresultate:

Nr.	S.-Z. d.	E.-Z.	V.-Z. h.	J.-Z. n. H.-W.	Bemerkungen
1	196,20	2,80	199,00	80,32	Bei gewöhnl. Temperatur fest.
2	196,90	4,70	201,60	81,39	„ „ „ „
3	198,05	3,28	201,33	82,28	Sehr hell, fest bei 15° C. 0,913 spez. Gew. bei 15° C.
4	187,90	4,83	192,73	93,17	0,922 spez. Gew. bei 15° C.
5	191,57	6,05	197,62	82,11	0,902 „ „ „ 15° C.
6	191,19	3,71	194,90	74,49	Refr. bei 25° C. = 53 Sk.T., bei 15 bis 17° C. noch fest.
7	190,54	3,45	193,99	—	0,891 spez. Gew. bei 15° C.
8	196,48	2,60	199,08	76,87	Refr. bei 33,5° C. = 45 Sk.T., bei gewöhnlicher Temperatur fest.
9	200,18	2,20	202,38	78,73	Bei gewöhnl. Temperatur fest.
10	186,36	6,58	192,94	79,69—80,00	0,894 spez. Gew. bei 15° C.
11	188,51	5,07	193,58	79,26—79,71	0,8949 spez. Gew. bei 15° C.
12	197,84	2,38	200,22	83,41	0,8960 spez. Gew. bei 15° C.

Beanstandet wurden:

Nr.	S.-Z. d.	E.-Z.	V.-Z. h.	J.-Z. n. H.-W.	Bemerkungen
1	180,90	9,20	190,10	80,83	Bei gewöhnl. Temperatur flüssig.
2	181,30	8,70	190,00	—	„ „ „ „
3	190,68	6,48	197,16	96,21	0,9004 spez. Gew. bei 15° C.
4	179,64	4,67	184,31	—	0,9004 spez. Gew. bei 15° C.
5	180,92	3,17	184,09	—	unter 14° C. fest, Refr. bei 25° C. = 52,5 Sk.T.
6	177,57	3,66	181,23	73,67	0,8980 spez. Gew. bei 15° C.
7	177,92	3,31	181,23	75,96	Bei gewöhnl. Temperatur flüssig, Refr. bei 25° C. = 52—53 Sk.T.
8	178,00	4,30	182,30	—	—
9	178,40	4,30	182,70	—	—
10	177,60	4,00	181,60	—	—

Oleum Amygdalarum.
(Mandelöl.)

Untersuchungsmethode:

    a) S.-Z.   wie bei Adeps suillus
    b) J.-Z. n. H.-W. „   „   „   „
    c) Prüfung nach dem D. A. IV.

Untersuchungsresultate:

Im Berichtsjahre kam süsses, fettes Mandelöl nur einmal zur Untersuchung,

    die Säurezahl   betrug   3,30
    „ Jodzahl nach H.-W.   „   103,80—105,50
    das spez. Gew. bei 15° C.   „   0,920

Beim Durchschütteln von 2 ccm Mandelöl mit einem Gemisch von 1 ccm rauchender Salpetersäure und 1 ccm Wasser entstand ein rotes, sehr lange weich bleibendes Gemenge.

Die hohe Jodzahl ebenso wie der Ausfall der Elaidinprobe zeigen wiederum, wie schon im Jahre 1903 bemerkt, dass das Mandelöl des Handels grösstenteils aus Pfirsichkernöl besteht.

Oleum Arachidis.
(Arachis- oder Erdnussöl.)

Untersuchungsmethode:

    a) S.-Z.   wie bei Adeps suillus
    b) J.-Z. n. H.-W. „   „   „   „
    c) V.-Z. h.   „   „ Acidum oleïnicum crudum
    d) Prüfung auf Sesamöl wie bei Oleum Olivarum und
       nach dem Ergänzungsbuch zum Arzneibuch für das
       Deutsche Reich, III. Ausg., S. 252.

Untersuchungsresultate:

Nr.	J.-Z. n. H.-W.	S.-Z.	V.-Z. h.	Bemerkungen
1	90,28—90,53	3,64	191,30—191,70	Frei von Sesamöl.
2	90,39—90,42	3,34	206,72	„ „ „

Oleum Cacao.

(Kakaobutter.)

Untersuchungsmethode: siehe Helfenberger Annalen 1897, S. 336 und nach dem D. A. IV.

Untersuchungsresultate:

Nr.	Schmelz-punkt °C.	S.-Z.	J.-Z. n. H.-W.	Bemerkungen	
1	30,0—31,0	20,16	35,09	Gussprobe normal.	Geruch und Geschmack gut.
2	31,0	21,28	35,69	,,	,,
3	30,0	4,20	37,46	,,	,.
4	29,0—30,0	3,64	36,45	Gussprobe nur genügend.	,,
5	30,0	4,20	37,09	,,	,,
6	30,0	4,20	37,46	Gussprobe normal.	,,
7	33,0	22,16	—	,,	,,
8	33,0	14,62	37,82	,,	,,
9	33,0	13,85	—	,.	,,
10	33,0	14,62	—	,,	,,
11	31,0—32,0	14,00	36,27	,,	,,
12	29,0—30,0	17,92	35,05	,,	,,

Beanstandet wurden:

Nr.	Schmelz-punkt °C.	S.-Z.	J.-Z. n. H.-W.	Bemerkungen	
1	29,0	29,12	34,43	Gussprobe normal, riecht und schmeckt ranzig.	
2	28,0	36,40	36,39	,,	,,
3	28,0—29,0	36,36	37,52	,,	—
4	28,0—29,0	25,20	40,44	,,	Geruch u. Geschmack normal.
5	29,0—30,0	49,96	37,46—39,18	,,	,,

Oleum Cocos Cochinchina.

(Cochinchina-Kokosöl.)

Untersuchungsmethode:

a) Schmelzpunkt s. H. A. 1897, S. 336, wie bei Ol. Cacao.
b) S.-Z.   „   S. 331, wie bei Adeps suillus.
c) V.-Z. h.   „   S. 330 } wie bei Acid.
d) V.-Z. k.   „   } stearinicum.
e) J.-Z. n. H.-W.   „   S. 336, wie bei Ol. Olivarum
und nach dem Ergänzungsbuch zum Arzneibuch für das Deutsche Reich, III. Ausg., S. 255.

Untersuchungsresultate:

Nr.	Schmelz-punkt °C.	S.-Z.	J.-Z. n. H.-W.	Bemerkungen
1	26,0	13,72	6,35	Aussehen normal, Geruch normal.
2	26,0	6,68	8,39	„ „ ranzig.
3	26,0	13,44	8,16	„ „ normal.

Im Berichtsjahre waren die Säurezahlen des Cochinchina-Kokosöls sämtlich anormal hoch. Da wir dieses Öl hier nur zur Herstellung von Hausseife verwenden, wurde keine der drei Sendungen beanstandet.

Oleum Jecoris Aselli album.

(Lebertran.)

Untersuchungsmethode: siehe Helfenberger Annalen 1897,
S. 337 und 338 und nach dem D. A. IV., mit der
Änderung, dass wir bei der Jodzahlbestimmung nach
dem D. A. IV., 0,1—0,2 g Lebertran anwenden und
18 Stunden stehen lassen.

Untersuchungsresultate:

Nr.	S.-Z.	J.-Z. n. H.-W.	V.-Z. h.	Bemerkungen
1	1,38	141,85	205,12	E. s. d. A. d. D. A. IV. Farbe, Geruch und Geschmack normal.
2	1,66	140,83	199,58	,, ,,
3	1,65	144,75	197,00	,, ,,
4	1,65	141,67	198,80	,, ,,
5	—	129,90 (2 Std.)	181,10	,, ,,
6	—	127,10 (2 Std.)	182,10	,, ,,
7	0,56	130,00 (2 Std.)	185,70	,, ,,
8	—	131,90 (2 Std.)	184,30	,, ,,
9	—	141,90	195,02	,, ,,

Beanstandet wurden:

Nr.	S.-Z.	J.-Z. n. H.-W.	V.-Z. h.	Bemerkungen
1	1,12	142,50	196,00	Elaidinprobe braun und breiig.
2	1,40	143,01	190,40	,, ,,
3	—	136,03	189,44	E. s. d. A. d. D. A. IV.
4	6,16	144,05	188,28	Refr. = 81 Sk.T. b. 18,5 ° C. E. s. d. A. d. D. A. IV.
5	6,16	147,60	187,96	,,
6	7,00	142,46	187,65	,,
7	7,00	141,42	187,37	,,
8	6,69	146,69	199,60	,,
9	6,69	148,00	194,70	,,

Lipanin.

(Lebertran-Ersatz.)

Untersuchungsmethode:

a) J.-Z. n. H.-W. s. H. A. 1897, S. 336.
b) S.-Z.   „   S. 331.
c) V.-Z. h.   „   S. 330.

Untersuchungsresultate:

Nr.	J.-Z. n. H.-W.	S.-Z.	V.-Z. h.
1	72,50	12,32	191,30
2	88,11	11,08	200,14
3	85,75	11,87	192,26
4	84,18	—	191,33
5	85,15	10,30	193.07

Oleum Lauri.

(Lorbeeröl.)

Untersuchungsmethode:

a) S.-Z.   s. H. A. 1897, S. 331, wie bei Adeps suillus.
b) V.-Z. h. }   „   S. 330, wie bei Acid.
c) V.-Z. k. }   stearinicum.
d) J.-Z. n. H.-W.   „   S. 336 wie unter Olea beschrieben.
e) nach dem D. A. IV.

Untersuchungsresultate:

Nr.	J.-Z. n. H.-W.	S.-Z.	E.-Z.	V.-Z. h.	Bemerkungen
1	63,71	12,60	198,80	211,40	37° C. Schmelzpunkt. E. s. d. A. d. D. A. IV.
2	67,76	12,97	189,43	202,40	E. d. A. d. D. A. IV. bis auf zu niedrigen Schmelzpkt.
3	70,15	11,60	185,60	197,20	dto.

Oleum Lini.

(Leinöl.)

Untersuchungsmethode:

a) S.-Z.   s. H. A. 1897, S. 331, wie bei Adeps suillus.
b) V.-Z. h.   „   S. 330,   „   Acid. stearinic.
c) J.-Z. n. H.-W.   „   S. 336, wie unter Olea beschrieben.
d) nach dem D. A. IV.

Untersuchungsresultate:

Frisch gepresstes Leinöl kam im Jahre 1905 nur einmal
zur Untersuchung und ergab folgende Werte:

       S.-Z.   0,67
       J.-Z. n. H.-W. . . .   153,20
       V.-Z. h. . . . . 193,90—194,70.

Im übrigen war die Sendung ebenfalls den Anforderungen
des D. A. IV. entsprechend.

Oleum Nucistae.

(Muskatnussöl, Muskatbutter.)

Untersuchungsmethode: siehe Helfenberger Annalen 1897,
   S. 337 und nach dem D. A. IV.

Untersuchungsresultate:

Im Jahre 1905 kam nur eine kleine Sendung Muskatnussöl zur Prüfung.

Die erhaltenen Werte, welche im grossen und ganzen gegen
diejenigen der Vorjahre sehr differierten, waren folgende:

       Schmelzpunkt . . . . .   43° C.
       J.-Z. n. H.-W.   45,70
       S.-Z. d.   86,80
       E.-Z.   87,71
       V.-Z. h.   174,51
       Refr. bei 50° C. . . . .   58 Sk. Teile

Oleum Olivarum commune.

(Gewöhnliches Olivenöl, Baumöl.)

Untersuchungsmethode: siehe Helfenberger Annalen 1897, S. 338 und nach dem D. A. IV.; ferner die S.-Z. s. H. A. 1897, S. 331.

Untersuchungsresultate:

Nr.	J.-Z. n. H.-W.	S.-Z.	V.-Z. h.	Bemerkungen
1	83,12—84,13	3,90	194,56	Elaidinprobe gut, sesamölfrei, E. s. d. A. d. D. A. IV. (war ein klares, nicht denaturiertes Baumöl von grüngelber Farbe).
2	82,00	10,92	—	Elaidinprobe genügend. sesamölfrei. E. s. d. A. d. D.A.IV.
3	82,37	9,24	—	„ „ „
4	—	5,04	—	„ „ „
5	81,28	10,30	—	Elaidinpr. gut „ „ (war Malaga-Baumöl)
6	83,44	7,86	—	Elaidinpr.genügend „ „
7	85,31	8,39	—	„ „ „
8	—	8,08	—	„ „ „
9	81,03	19,60	—	„ gut „ „
10	81,89	19,60	—	„ „ „ „
11	81,46	19,04	—	„ „ „ „
12	84,05	10,08	—	„ „ „ „
13	—	8,96	197,86	„ „ „ „
14	84,05	9,12	—	„ „ „ „
15	—	10,08	—	„ „ „ „
16	82,52	5,60	—	„ „ „ „
17	82,35—82,77	15,68	—	„ genügend „ „

Beanstandet wurden:

Nr.	J.-Z. n. H.-W.	S.-Z.	V.-Z. h.	Bemerkungen
1	83,06	28,00	—	Elaidinprobe genügend, sesamölfrei, e. s. d. A. d. D. A. IV., etwas trübe, Geruch unangenehm.
2	79,88	24,20	—	Elaidinprobe ungenügend (breiig), Geruch unangenehm, e. s. d. A. d. D.A.IV. (Smyrna-Baumöl.)

Nr.	J.-Z. n. H.-W.	S.-Z.	Bemerkungen
3	80,89	33,60	Elaidinprobe Geruch genügend unangenehm — E. s. d. A. d. D. A. IV.
4	81,68	25,60	„ „ „
5	81,85	30,80	„ „ „
6	—	30,80	„ „ „
7	89,15	1,06	Elaidinprobe gut „ (denaturiertes Öl) „
8	80,04—80,81	30,80	„ genügend sesamölfrei „
9	80,73	45,36	„ „ „ „ war ein Malaga-Baumöl von grünlicher Farbe und eigenartig ranzigem Geruch, der nicht im entferntesten an Olivenöl erinnerte. Bei gewöhnlicher Zimmertemperatur schied das Öl feste Anteile ab.
10	80,74—80,76	28,00	Elaidinprobe sesamölfrei genügend (denaturiert) — E. s. d. A. d. D. A. IV.
11	81,00—81,12	25,76	„ (denaturiert) „ „
12	80,60—81,45	28,00	„ (denaturiert) „ „
13	78,96—79,21	6,16	„ „ „

Oleum Olivarum provinciale.

(Olivenöl, Bariöl.)

Untersuchungsmethode: siehe Helfenberger Annalen 1897, S. 338 und nach dem D. A. IV.; ferner die S.-Z. s. H. A. 1897, S. 331.

Untersuchungsresultate:

Nr.	J.-Z. n. H.-W.	S.-Z.	Bemerkungen
1	79,99—80,45	2,93	Elaidinprobe gut, sesamölfrei. E. d. A. d. D. A. IV.
2	79,59—80,00	3,30	,, ,, ,,
3	81,62	3,92	,, ,, ,,
4	84,02—84,48	1,40	,, ,, ,,
5	80,21	3,36	,, ,, ,,
6	82,14	3,92	,, ,, ,,
7	80,00—83,13	3,30	,, ,, ,,

Beanstandet wurden:

Nr.	J.-Z. n. H.-W.	S.-Z.	Bemerkungen
1	76,07—76,78	4,40	Elaidinprobe ungenügend sesamölfrei. E. s. d. A. (etwas schmierig). d. D. A. IV.
2	84,47—85,23	3,64	,, genügend. ,, ,,

Oleum Ricini.

(Ricinusöl.)

Untersuchungsmethode: siehe Helfenberger Annalen 1897, S. 339, und nach dem D. A. IV.; ferner die S.-Z. s. H. A. 1897, S. 331.

Untersuchungsresultate:

Nr.	J.-Z. n. H.-W.	S.-Z.	Bemerkungen	
1	84,11	3,10	Geschmack normal. E. d. A. d. D. A. IV.	
2	85,06	3,10	,, ,,	
3	84,46	3,10	,, ,,	
4	83,46	4,73	,, ,,	0,964 spez. Gew. b. 15° C. Refr. b. 17° C. 82 Sk.T.
5	83,24	4,82	,, ,,	
6	83,62	4,25	,, ,,	
7	84,75	4,25	,, ,,	
8	86,28	4,14	,, ,,	
9	82,94	1,68	,, ,,	

Beanstandet wurden:

Nr.	J.-Z. n. H.-W.	S.-Z.	Bemerkungen
1	83,33—83,99	3,36	Geschmack kratzend. E. s. d. A. d. D. A. IV.
2	82,47—83,47	3,36	,, ,, ,,
3	84,68	4,98	,, ranzig. ,,
4	84,78	5,04	,, ,, ,,
5	85,74	—	,, ,, ,,

Formaldehydum solutum.

(Formaldehydlösung.)

Untersuchungsmethode: nach dem D. A. IV.

Untersuchungsresultate:

Nr.	Spez. Gew. bei 15° C.	% Gehalt	Bemerkungen
1	1,0838	35,43	E. s. d. A. d. D. A. IV.
2	1,0810	33,58	,,
3	1,0792	34,69	,,
4	1,0799	33,78	,,

Gelatine, Gelatineleim.

Untersuchungsmethode: Bestimmung des Wasser- und Aschegehaltes. Prüfung der Löslichkeit in Wasser. (Muss
sich in warmem Wasser im Verhältnis 1 : 20 leicht
und vollständig und möglichst klar lösen.)

Bestimmung der Quellfähigkeit nach dem in den
Helfenberger Annalen 1904, S. 82 angegebenen Ver-
fahren. Eventuell nach dem Ergänzungsbuch zum
Arzneibuch für das Deutsche Reich, II. Ausg., S. 147.

Untersuchungsresultate:

	Nr.	$^0/_0$ Feuchtigkeit	$^0/_0$ Asche	Quellfähigkeit in $^0/_0$	Löslichkeit
Gelatine	1	13,61	1,245	—	normal
Gelatineleim pro capsulis	1	15,54	1,620	493,38	,,
Gelatineleim	1	16,79	1,265	480,46	,,
,,	2	12,92	1,396	511,67	,,
,,	3	14,80	1,637	485,71	,,
,,	4	15,41	2,201	466,39	,,
,,	5	16,11	0,798	—	,,
,,	6	8,66	0,803	—	,,
,,	7	17,04	1,224	—	,,
,,	8	22,33	0,583	—	,,
Klärleim (Coignet Osteocolle sans odeur pour clarifier)	1	16,68	1,548	—	,,

Glycerinum.

(Glyzerin.)

Untersuchungsmethode: nach dem D. A. IV.

Untersuchungsresultate:

Im Berichtsjahre wurden 17 Ballon Glyzerin geprüft. Das spez. Gewicht der als normal befundenen Sendungen schwankte zwischen 1,2293 bis 1,2340 bei 15 ^{0} C. Die meisten Proben entsprachen den Anforderungen des D. A. IV. vollständig, bis auf den sehr oft beim Erhitzen mit verdünnter Schwefelsäure auftretenden Geruch nach Buttersäure. Eine Sendung enthielt Verunreinigungen, welche ammoniakalische Silbernitratlösung reduzierten.

Beanstandet wurden 2 Sendungen, von denen die eine durch Schwermetalle verunreinigt war — das Glyzerin wurde mit Schwefelwasserstoff deutlich gelb gefärbt — während die andere ein zu niedriges spez. Gewicht aufwies (1,2209 bei 15 ^{0} C.).

Gummi arabicum.

(Arabisches Gummi.)

Untersuchungsmethode: siehe Helfenberger Annalen 1897, S. 341 und nach dem D. A. IV.

Untersuchungsresultate:

Nr.	S.-Z. ind.	$^0/_0$ Asche	Bemerkungen	
technicum				
1	14,00	2,85	Gummierungsprobe gut.	E. s. d. A. d. D. A. IV.
2	14,00	3,20	,,	,,
3	15,12	3,20	,,	,,
4	14,00	3,10	,,	,,
5	12,56	3,12	,,	,,

Die ersten vier Proben waren sogenannter Kordofan-Gummi; weisses arabisches Gummi erster Sorte kam im Berichtsjahre gar nicht zur Prüfung.

Hydrargyrum praecipitatum album.

(Weisses Quecksilberpräzipitat.)

Untersuchungsmethode: nach dem D. A. IV. und nach den Helfenberger Annalen 1900, S. 145.

Untersuchungsresultate:

Im Berichtszeitraum wurde obiges Präparat siebenmal geprüft.

Die Löslichkeit in erwärmter verdünnter Essigsäure liess nie zu wünschen übrig. Der Glührückstand war stets unwägbar.

Jodum resublimatum.

(Resublimiertes Jod.)

Untersuchungsmethode: nach dem D. A. IV.

Untersuchungsresultate:

Nr.	$\%$ Jod	Bemerkungen
1	99,50	E. s. d. A. d. D. A. IV.
2	100,00	,,
3	99,80	,,

Kalium bicarbonicum.

(Kaliumbikarbonat.)

Untersuchungsmethode: nach dem D. A. IV.

Grenzwerte des D. A. IV: 1 g soll mindestens 10 ccm $\frac{n}{1}$ HCl verbrauchen. Glührückstand mindestens 69 %.

Untersuchungsresultate:

Nr.	$\%$ Glührückstand	Bemerkungen
1	68,24	$1,0 = 19,9 - 20,0 \frac{n}{2}$ HCl. E. s. d. A. d. D. A. IV.
2	67,31	— ,,
3	—	$1,0 = 19,9 \frac{n}{2}$ HCl ,, bis auf geringe Spuren Chloride und Sulfate.

Kalium carbonicum.

(Kaliumkarbonat.)

Untersuchungsmethode: nach dem D. A. IV.

Grenzwerte des D. A. IV.: Der Gehalt betrage mindestens 94,74 $\%$.

Untersuchungsresultate:

Nr.	$\%$ K_2CO_3	Bemerkungen
1	94,73	E. d. A. d. D. A. IV.
2	94,38	„ bis auf geringe Spuren H_2SO_4.

Lacca musci.

(Lackmus.)

Untersuchungsmethode: nach den Helfenberger Annalen 1897, S. 342.

Untersuchungsresultate:

Von Lackmus wurden im Jahre 1905 7 Fass geprüft welche stets normale Färbekraft zeigten.

Da es uns erst gegen Ende des Jahres 1905 gelang, eine grössere Anzahl von Lackmusproben verschiedener Herkunft zu erhalten, ist es uns für diese Annalen noch nicht möglich, über Versuche und Prüfungen in dem in den vorjährigen Annalen S. 86 und 87 angedeuteten Sinne zu berichten; wir hoffen aber nächstes Jahr hierauf zurückzukommen.

Leinölfirnis.

Untersuchungsmethode:

> Bestimmung der V.-Z. h. wie bei Acidum oleinicum crudum.
> Prüfung der Trockenfähigkeit.
> Qualitative Prüfung auf Harzöl.

Untersuchungsresultate:

Im Jahre 1905 kam eine Sendung Firnis zur Untersuchung. Die Verseifungszahl desselben betrug 188,20—188,60. Die Strichprobe trocknete binnen 24 Stunden vollständig. Harzöl war in der Sendung nicht nachweisbar.

Liquor Ammonii caustici duplex.

(Doppelte Ammoniakflüssigkeit.)

Untersuchungsmethode: nach dem D. A. IV.

Untersuchungsresultate:

Im Berichtsjahre kamen 77 Ballon Salmiakgeist zur Prüfung nach dem D. A. IV.

Das spezifische Gewicht bei 15 ^{0} C. schwankte zwischen 0,9105—0,914 entsprechend einem Gehalt von 24,82—23,68 Gew.-$^0/_0$ NH_3. Qualitativ entsprach die doppelte Ammoniakflüssigkeit stets den Anforderungen des D. A. IV.

Liquor Kali caustici crudus.

(Rohe Kalilauge.)

Untersuchungsmethode: Spez. Gew. bei 15⁰ C., Titration des Gehaltes an KOH, qualitativ nach dem D. A. IV.

Untersuchungsresultate:

Nr.	Spez. Gew. bei 15⁰ C.	Titrierter Gehalt an % KOH	Bemerkungen
1	1,3841		Enthielt reichlich Chloride, keine Sulfate und war fast eisenfrei. E. s. d. A. d. D. A. IV.
2	1,3820	38,08	,,
3	1,3820		,,
4	1,3820		,,
5	1.3820		,,
6	—	39,48	—
7	—	38,92	—
8	—	39,76	—
9	—	37,52	Enthielt viel Chloride und Spuren Eisen.
10	—	37,80	,, ,,
11	—	38,50	—
12	—	37,80	—
13	—	38,64	—
14	—	38,36	—
15	—	39,48	—
16	1,3810	37,90—38,08	—
17	—	36,76—37,80	—
18	—	37,24—37,52	—
19	—	38,08	—
20	1,3864	38,98	Enthielt viel Chloride, wenig Eisen. E. s. d. A. d. D.A.IV.
21	1,3810	37,62	,, ,,
22	1,3870	38,46	,, ,,
23	—	39,48	—

Liquor Natri caustici crudus.

(Rohe Natronlauge.)

Untersuchungsmethode: Spez. Gew. bei 15° C., Titration des Gehaltes an NaOH, qualitativ nach dem D. A. IV.

Untersuchungsresultate:

Nr.	Titrierter Gehalt an % NaOH	Bemerkungen
1	34,10	Enthielt sehr viel Chloride, wenig Sulfate.
2	32,00	—
3	32,80	—
4	34,80	Enthielt viel Chloride, wenig Sulfate.
5	34,40	—
6	34,80	—
7	33,00	Enthielt viel Chloride, etwas Sulfate.
8	34,60	—

Magnesia usta.

(Gebrannte Magnesia.)

Untersuchungsmethode: nach dem D. A. IV.

Untersuchungsresultate:

Nr.	Bemerkungen
1	Enthielt Karbonate, Sulfate und deutliche Spuren Eisen. E. s. d. A. d. D. A. IV.
2	Das Filtrat der wässerigen Auskochung reagierte alkalisch. Das Präparat enthielt Sulfate und mehr Fe als das D. A. IV erlaubt. E. s. d. A. d. D. A. IV.
3	Das Filtrat der wässerigen Auskochung reagierte schwach alkalisch. Das Präparat enthielt deutliche Spuren Eisen, Sulfate und Karbonate, ausserdem ganz geringe Spuren Chloride. E. s. d. A. d. D. A. IV.

Magnesium carbonicum.

(Magnesiumkarbonat.)

Untersuchungsmethode: nach dem D. A. IV.

Grenzwerte nach dem D. A. IV.: mindestens $40\,^0/_0$ Glührückstand.

Untersuchungsresultate:

Kohlensaure Magnesia kam im Jahre 1905 einmal zur Untersuchung. Der Glührückstand betrug $42{,}56\,^0/_0$. Im übrigen enthielt das schwach eisenhaltige Handelspräparat etwas mehr Chloride und Sulfate, als das D. A. IV. zulässt.

Maltum hordei.

(Gerstenmalz, Malz.)

Untersuchungsmethode: Betrachtung im Diaphanoskop (siehe Annalen 1903, S. 149 u. 150.

Extrakt- und Maltosegehalt. 20 g gut gequetschtes (grobes Pulver) Malz werden mit 60 ccm Wasser bei 60° C. 3 Stunden lang vermaischt und das Ganze auf 1000 ccm aufgefüllt und filtriert. Im Filtrat bestimmt man durch Eindampfen von 50 ccm und Trocknen des Rückstandes bis zum konstanten Gewicht den Extraktgehalt.

In 20 ccm des Filtrates bestimmt man die Maltose nach der bekannten Methode.

Untersuchungsresultate:

Nr.	$\%$ bei 100° C. getrocknet. Extrakt	$\%$ Maltose	Bemerkungen
1	49,30	37,00	Im Diaphanoskop normales Aussehen.
2	52,94	38,42	,,
3	64,20	48,12	,,
4	66,10	52,74	,, war Pilsener Malz für goldfarbige Biere.
5	55,48	45,60	,, ,,
6	69,04	52,04	,,
7	62,26	34,14	Im Diaphanoskop ist viel unveränderte Gerste erkennbar.
8	61,12	49,20	—
9	56,42	54,80	Zeigt im Diaphanoskop normales Aussehen.
10	58,24	54,20	,,

Manganum chloratum.

(Manganchlorid, Manganchlorür.)

Untersuchungsmethode: Nach dem Ergänzungsbuch zum Arzneibuch für das Deutsche Reich, III. Ausg., S. 235.

Untersuchungsresultate:

Von Manganchlorür kamen im Jahre 1905 fünf grössere Sendungen zur Prüfung.

Drei Proben erwiesen sich als völlig rein, die beiden andern enthielten geringe Spuren Eisen und Sulfate.

Der in diesem Jahre direkt durch Fällung ermittelte Mangangehalt schwankte zwischen 28,56—28,78 %. Da sich der Mangangehalt nach der Formel $Mn\,Cl_2 + 4\,H_2O$ nur zu 27,78 % berechnet, geht daraus hervor, dass der Kristallwassergehalt des geprüften Salzes geringer war.

Maschinenöl.

Untersuchungsmethode: S.-Z. wie bei Adeps suillus, siehe H. A. 1897, S. 331 und spezifisches Gewicht.

Untersuchungsresultate:

Nr.	Handelsbezeichnung	S.-Z.	Spez. Gew. bei 15° C.	Bemerkungen
1	russ. Maschinenöl	neutral	—	—
2	„	0,11	—	—
3	„	neutral	—	Dickflüssig.
4	„	0,112	0,9098	Gelbbraun, dünnflüssig, etwas fluoreszierend.
5	Motoröl	neutral	—	Dickflüssig und von sehr dunkler Farbe.

Mel crudum.

(Rohhonig.)

Untersuchungsmethode: siehe Helfenberger Annalen 1897, S. 343 und nach dem D. A. IV.

Untersuchungsresultate:

Nr.	Spez. Gew. bei 15° C. (Lös. [1 + 2])	S.-Z.	Polarisation in Graden (200 mm R)	% Asche	Bemerkungen
1	—	16,80	—	0,35	E. d. A. d. D. A. IV. Geruch u. Geschmack normal war Havanna-Honig
2	—	14,00	—	0,13	„ war Valparaiso-Honig
3	—	14,00	—	0,19	„ war Valdivia-Honig
4	1,111	23,50	— 12	—	„ war kroatischer Honig
5	—	16,80	— 8,4	0,41	„ war dick, gelbbraun, körnig, deutscher Honig
6	—	—	—	—	Mit Weingeist sehr geringe Opaleszenz, mit $AgNO_3$, $Ba(NO_3)_2$ und NH_3 keinerlei Veränderung. E. s. d. A. d. D. A. IV., war Havanna-Honig
7	—	11,20	—	0,20	E. d. A. d. D. A. IV. von unbekannter Herkunft
8	1,120	16,80	— 12,5	0,11	„ bis auf die nicht ganz blanke Weingeistprobe, war Valparaiso-Honig
9	1,115	22,40	— 12,0	0,15	„ war Havanna-Honig
10	1,116	14,00	— 8,5	0,11	„ war Valdivia-Honig

Beanstandet wurden:

Nr.	Spez. Gew. bei 15° C. (Lös. [1 + 2])	S.-Z.	Bemerkungen
1	1,111	16,80	Mit $AgNO_3$ sehr starke, auch auf Zusatz von Salpetersäure nicht verschwindende Trüb., befand sich in Gährung.
2	—	—	Mit Weingeist und Silbernitrat schwache Trübung.
3	—	—	„ von sehr dunkler Farbe.
4	—	—	Mit Weingeist Trübung.

Nr. 1 war Levante-, Nr. 2 und 3 waren Valparaiso-, Nr. 4 endlich Chile-Honig.

Milch- und Pflanzensäfte.

Cautschuc.

(Kautschuk.)

Untersuchungsmethode: nach dem D. A. IV., eventuell Ermittlung des Kautschukgehaltes nach der Nitrositmethode von Harries, siehe Helfenberger Annalen 1904, S. 102.

Untersuchungsresultate:

Von Kautschuk kamen im Jahre 1905 zehn Sendungen zur Prüfung und zwar vier Proben Para-Fell und sechs Proben Para-Kautschukschnitzel.

Sämtliche Sendungen entsprachen betreffs Löslichkeit den Anforderungen des D. A. IV. und waren völlig schwefelfrei. Der Kautschukgehalt wurde hin und wieder ermittelt und bewegte sich beim Fell zwischen 92—95 %, bei den Schnitzeln zwischen 87,6—92,4 %.

Ausserdem kamen drei Kaufsmuster Para - Kautschukschnitzel zur Prüfung, wovon das eine in 7,5 Teilen Benzin fast völlig unlöslich war und beanstandet wurde. Das zweite waren Schnitzel von schön hellbrauner Farbe, von ausgezeichneter Löslichkeit und sonst den A. d. D. A. IV. entsprechend. Das dritte Muster bestand aus dünnen Para-Platten-Abfällen, welche nach 18 Stunden in 7,5 Teilen Benzin noch nicht völlig gelöst waren. Die Prüfung auf Schwefel ergab erst nach längerer Zeit ganz geringe Opaleszenz. Diese Ware war demnach nicht empfehlenswert.

Euphorbium.

(Euphorbium.)

Untersuchungsmethode: nach K. Dieterich, Analyse der Harze, S. 231—233 und nach dem D. A. IV.

Grenzwerte des D. A. IV.: nicht über $10\,^0/_0$ Asche und nicht über $50\,^0/_0$ in siedendem Weingeist unlösliche Anteile.

Untersuchungsresultate:

Im Berichtsjahre kam nur eine Sendung Euphorbiumpulver zur Untersuchung, die nur nach dem D. A. IV. vorgenommen wurde. In siedendem Weingeist waren $38{,}59\,^0/_0$ unlöslich, der Aschengehalt war mit $10{,}82\,^0/_0$ wie gewöhnlich etwas höher, als es das D. A. IV. zulässt.

Manna.

(Manna.)

Untersuchungsmethode: siehe Helfenberger Annalen 1897, S. 342, und nach dem D. A. IV.

Untersuchungsresultate:

Nr.	$\%$ Feuchtigkeit	$\%$ Asche	$\%$ in Spiritus löslich	$\%$ in Spiritus unlöslich	Bemerkungen
1	9,66	1,85	89,60	1,50	E. s. d. A. d. D. A. IV.
2	10,76	5,00	85,00	4,28	,,
3	5,15	2,24	88,69	2,11	,,
4	6,02	1,78	90,12	3,02	,,
5	5,24	1,10	89,69	2,07	,,
6	5,88	1,25	88,27	2,01	,,
7	4,58	1,99	87,00	2,86	,,
8	6,13	1,82	87,62	3,08	,,
9	5,36	0,07	88,27	2,94	,,
10	11,64	1,37	82.31	6,05	,,
11	9,89	1,05	87,71	2,40	,,
12	13,15	1,70	85,15	1,82	,,
13	9,65	1,50	88,85	1,46	,,
14	7,80	1,90	90,00	1,90	,,
15	12,84	2,10	85,96	1,20	,,
16	11,30	1,70	85,00	3,70	,,
17	11,68	1,95	85,89	2,43	,,
18	5,61	1,75	92,39	2,00	,,

Opium.

(Opium.)

Untersuchungsmethode: nach E. Dieterich und den Helfenberger Annalen 1897, S. 346 und nach dem D. A. IV.

Untersuchungsresultate:

Von Opium kam im Jahre 1905 nur ein Muster grobes Pulver zur Untersuchung.

Es wurde nur der Morphingehalt zu 10,43 % ermittelt; sonst genügte das Opium dem D. A. IV.

Natrium bicarbonicum.

(Natriumbikarbonat.)

Untersuchungsmethode: nach dem D. A. IV.

Grenzwerte des D. A. IV. Glührückstand: nicht mehr als 63,8 %. Die aus 1,0 durch Monokarbonat-Gehalt hervorgerufene Rötung soll auf Zusatz von $0,2 \frac{n}{1}$ HCl verschwinden.

Untersuchungsresultate:

Nr.	% Glührückstand	Bemerkungen
1	63,18	Salzsäureverbrauch für Monokarbonat, 0,5 ccm $\frac{n}{1}$ HCl (wird sofort gerötet). E. s. d. A. d. D. A. IV.
2	63,31	Mit Silbernitrat geringe Trübung, Monokarbonathaltig. E. s. d. A. d. D. A. IV.
3	62,02	Mit Phenolphtalein sofort deutlich rosa, (Salzsäureverbrauch 0,4 ccm $\frac{n}{1}$ HCl.) Mit $AgNO_3$ schwache Opaleszenz. E. s. d. A. d. D. A. IV.
4	62,96	E. s. d. A. d. D. A. IV.

Natrium carbonicum

et

Natrium carbonicum crudum.

(Natriumkarbonat und Soda.)

Untersuchungsmethode: nach dem D. A. IV. (bei der Roh-
soda ebenfalls die Gehaltsbestimmung durch Titration).
Grenzwerte des D. A. IV.: Der Gehalt soll mindestens 37,14 % betragen.

Untersuchungsresultate:

Nr.	$\%$ Na_2CO_3	Bemerkungen
A. purum.		
1	38,73	Enthielt Spuren Sulfate. E. s. d. A. d. D. A. IV.
B. crudum.		
1	37,63	Enthielt viel Chloride, wenig Sulfate. E. s. d. A. d. D. A. IV.
2	37,10	,, ,,
3	36,51	,, ,,
4	36,33	,, ,,
5	36,60	,, ,,
6	36,86	,, ,,
7	36,59	,, ,,
8	37,59	,, ,,
9	36,46	,, ,,
10	36,61	,, ,,
11	36,77	,, ,,
12	37,31	,, ,,

Oleum resinae.

(Harzöl.)

Untersuchungsmethode:

a) S.-Z. d.
b) V.-Z. k.
c) V.-Z. h.
d) J.-Z. n. H.-W.
e) Spezifisches Gewicht bei 15⁰ C.

siehe H. A. 1897, S. 335, 336.

Untersuchungsresultate:

Nr.	Spez. Gew. bei 15⁰ C.	S.-Z. d.	E.-Z.	V.-Z. h.
1	—	1,12	3,92	5,04
2	0,9770	2,08	8,54	10.62
		2,08	8,45	10,53
3	—	1,40	9,80	11,20

Die im Berichtsjahre bei der Untersuchung von Harzöl erhaltenen Werte bewegen sich in den seit Jahren festgelegten Grenzen.

Paraffine und Vaseline.

Ceresinum album.

(Weisses Ceresin.)

Untersuchungsmethode: siehe Helfenberger Annalen 1897, S. 348.

Untersuchungsresultate:

Nr.	Schmelz- punkt ° C.	Geruch	Strichprobe	Farbe
1	68,0	Geruchfrei.	Gut.	Halbweiss.
2	67,0	,,	,,	,,
3	69,0	,,	,,	,,
4	68,0	,,	,,	,,
5	69,0	,,	,,	,,
6	67,0	,,	,,	,,

Beanstandet wurden:

Nr.	Schmelzpunkt	Geruch	Strichprobe	Farbe
1	57,0	Geruchfrei.	Gut.	Halbweiss.
2	57,5	,,	,,	,,
3	57,0	,,	,,	,,
4	57,5	,,	,,	,,
5	57,0	,,	,,	,,
6	57,0	,,	,,	,,
7	57,5	,,	,,	,,
8	57,5	,,	,,	,,

Die Werte für den Schmelzpunkt sinken mehr und mehr! Früher waren Ceresine mit einem bei oder über 70° C. liegenden Schmelzpunkt selbstverständlich, jetzt sind diese harten Ceresine kaum für teures Geld zu erlangen.

Ceresinum flavum.

(Gelbes Ceresin.)

Untersuchungsmethode: siehe Helfenberger Annalen 1897, S. 348.

Untersuchungsresultate:

Von gelben Ceresinsorten kamen im Berichtsjahre 2 Sendungen zur Prüfung.

Die eine war sogenanntes naturgelbes Ceresin vom Schmelzpunkt 57,5—58 ⁰ C.; dasselbe war fast geruchfrei. Die Strichprobe war genügend. Die andere war gelbes Ceresin, das stark nach gelbem Wachs roch, bei 60,5—61,0 ⁰ C. schmolz und Wasser, welches mit diesem Ceresin gekocht wurde, stark gelb färbte. Die Strichprobe war genügend.

Nach diesen Untersuchungsergebnissen waren beide Proben zu beanstanden.

Ozokerit.

(Erdwachs.)

Untersuchungsmethode: siehe Helfenberger Annalen 1897, S. 349.

Untersuchungsresultate:

Nr.	Schmelzpunkt ⁰ C.	Bemerkungen
1	72,5—73,0	Geringer Geruch, Strich genügend, Aussehen normal, grünlichbraun.
2	70,5—71,0	Ziemlich stark nach Petroleum riechend, Strich gut, Aussehen normal, grünlichbraune, zähe Stücke.

Beanstandet wurden:

Nr.	Schmelzpunkt ⁰ C.	Bemerkungen
1	58—58,5	Geringer Geruch, Strich genügend, von schwarzbrauner Farbe, in Chloroform bis auf einen ganz geringen Rückstand löslich.
2	78	Riecht beim Schmelzen nach Asphalt, war sehr hart und spröde. Die geschmolzene Substanz steigt in der Kapillare nicht in die Höhe. War kein Ozokerit.
3	58	Kein Geruch, Strich gut, harte, schwarze Stücke.

Paraffinum.

(Braunkohlen-Paraffin.)

Untersuchungsmethode: siehe Helfenberger Annalen 1897,
S. 349 und Strichprobe wie bei Ceresin.

Untersuchungsresultate:

Nr.	Schmelz- punkt ° C.	Geruch	Strichprobe
1	58	Geruchfrei.	Gut.
2	57,0—58,0	,,	,,
3	58,5	Ziemlich stark.	,,
4	57,5—58,0	Sehr schwach.	,,
5	57,5	Sehr stark.	Genügend.
6	58,5	Ziemlich stark.	,,
7	58,0	Schwach.	Gut.
8	58,0	Geruchfrei.	,,
9	57,0—57,5	,,	,,

Beanstandet wurden:

Nr.	Schmelzpunkt	Geruch	Strichprobe
1	52,0—52,5	Ziemlich stark.	Gut.
2	53,0	Ganz schwach.	,,
3	52,0 - 52,5	Geruchfrei.	,,
4	51,5—52,0	Ganz schwach.	,,
5	53,0—54,0	,, ,,	,,
6	54,5—55,5	Schwach.	,,
7	53,5—54,0	Ganz schwach.	,,
8	52,0	,, ,,	,,
9	52,0—53,0	,, ,,	,,
10	52,0	,, ,,	,,
11	52,0—53,0	,, ,,	,,
12	52,0—53,0	,, ,,	,,

Auch hier sind, wie bei Ceresin, durchweg niedrigere
Schmelzpunkte als früher zu konstatieren.

Paraffinum liquidum album I.

(Flüssiges Paraffin, weisses Paraffinöl.)

Untersuchungsmethode: siehe Helfenberger Annalen 1897, S. 348 und nach dem D. A. IV.

Untersuchungsresultate:

Nr.	Spez. Gew. bei 15° C.	S.-Z.	Bemerkungen
1	0,880	neutral	E. s. d. A. d. D. A IV.
2	—	,,	,,

Beanstandet wurden:

1	0,879	neutral	E. s. d. A. d. D. A. IV.
2	0,879	,,	,,

Paraffinum liquidum album II.

(Weisses Vaselinöl.)

Untersuchungsmethode: siehe Helfenberger Annalen 1897, S. 348.

Untersuchungsresultate:

Nr.	Spez. Gew. bei 15° C.	S.-Z.	Bemerkungen
1	0,8777	neutral	Fast geruchlos.
2	—	,,	Geruchfrei. Zieml. dünnflüssig.
3	—	,,	Geruchfrei. Refr. bei 16,5° C. = 81,0 Sk.T.
4	—	,,	,, ,, = 84,0 ,,
5	0,8630	,,	Fast geruchlos.
6	—	,,	Geruchfrei. ,, = 75,5 ,,
7	—	,,	,, ,, = 76,5 ,,
8	0,8760	,,	,, ,, = 82.5 ,,

Vaselinum flavum.

(Gelbes Vaselin.)

Untersuchungsmethode: siehe Helfenberger Annalen 1897, S. 349 und nach dem Ergänzungsbuch zum Arzneibuch für das Deutsche Reich, II. Ausg., S. 329, resp. III. Ausg., S. 384 und 385.

Untersuchungsresultate:

Nr.	S.-Z.	Bemerkungen
1	neutral	Geruch- u. farbstofffrei. Aussehen u. Konsistenz E. d. A. d. Ergzb. normal.
2	0,0448	„ „ „
3	neutral	„ „ ,.
4	fast neutral	„ „ „

Von Vaseline kam im Jahre 1905 eine neue Handelssorte unter dem Namen „Wilburine" von der Firma Louis Ritz & Co., Hamburg, in den Handel.

Wir untersuchten beide Sorten und geben die Resultate in folgendem wieder:

Wilburine weiss. 46 ⁰ C. Schmelzpunkt,
  fast neutral,
  geruchfrei,
  d. A. d. Ergzb. entspr. $H_2 SO_4$ wird nur schwach gelb gefärbt.

Wilburine gelb. 45—46 ⁰ C. Schmelzpunkt,
  fast neutral,
  geruchfrei.
  d. A. d. Ergzb. entspr.,
  frei von Farbstoffen.

Vaseline-Crême.

Im Berichtsjahre wurde uns unter obiger Bezeichnung ein salbenartiges, besonders beim Kochen mit Wasser deutlich nach Petroleum riechendes Präparat zum Kauf angeboten. Obwohl für letzteren Zweck für uns von keiner Bedeutung, unterzogen wir dasselbe dennoch aus wissenschaftlichem Interesse einer Untersuchung, deren Ergebnisse wir im folgenden kurz niederlegen wollen.

Das Präparat bildete eine gelbe breiige Masse, die zwischen 28—30 ° C. flüssig und klar wurde und sich beim Erkalten wieder trübte. Bei 20 ° C. wurde die Masse dick, bei 15 ° C. fest.

Mit konzentrierter Schwefelsäure in einem zuvor mit warmer Schwefelsäure ausgespülten Glase trat sofort Schwärzung sowohl des Vaseline-Crêmes als auch der Schwefelsäure ein.

Das fragliche Präparat war in Chloroform, Äther, Benzol, Benzin, Petroläther und Schwefelkohlenstoff vollständig und klar löslich. Die Säurezahl betrug 0,056, der Aschengehalt war 0,00 %. Bei der Destillation gingen 8,38 % flüchtige Anteile über. Da verseifbare Anteile nicht vorhanden waren, kann man unter Berücksichtigung dieser Ergebnisse das Präparat wohl als einen Rückstand der Paraffingewinnung aus dem Erdöle ansprechen.

Peptonum siccum sine Sale.

(Kochsalzfreies, trockenes Pepton.)

Untersuchungsmethode: siehe E. Schmidt, org. Chemie, IV. Aufl., S. 1819 und nach dem Ergänzungsbuch zum Arzneibuch für das Deutsche Reich, II. Ausg., S. 237 u. 238, resp. III. Ausg., S. 274.

Untersuchungsresultate:

Nr.	$\%$ Feuchtigkeit	$\%$ Asche	Bemerkungen
1	9,20	2,00	E. d. A. d. Ergänzungsbuchs.
2	7,05	2,02	„ bis auf geringe Fällung mit Natronlauge.

Pulpa Tamarindorum cruda.

(Rohes Tamarindenmus.)

Untersuchungsmethode: siehe Helfenberger Annalen 1897, S. 350 und nach dem D. A. IV.

Untersuchungsresultate:

Nr.	$\%$ Kerne	$\%$ kernfreie Masse	$\%$ bei 100° C. getr. wässeriges Extrakt	$\%$ Weinsäure	$\%$ Invertzucker
1	9,77	90,23	50,65	10,64	27.18
2	2,95	97,05	49.06	10,82	24,11
3	8,24	91,76	52.57	10,95	29,60
4	16,37	83.63	45.75	8,43	29,32
5	6,25	93.75	45.89	10,47	22,78
6	4,32	95,68	45,64	10,54	26,34

Resorcinum.

(Resorzin.)

Untersuchungsmethode: nach dem D. A. IV.

Untersuchungsresultate:

Resorzin, hier besonders zur Herstellung der einfachen und konzentrierten Resorzinsalbe benutzt, kam im Vorjahre in 6 kleineren Posten nach dem D. A. IV. zur Untersuchung. Die wässerige Lösung 1 = 20, welche Lackmuspapier nicht verändern soll, reagierte zweimal schwach sauer. Sonst gab das Präparat zu besonderen Erinnerungen keine Veranlassung.

Santoninum.

(Santonin.)

Untersuchungsmethode: nach dem D. A. IV.

Untersuchungsresultate:

Im Berichtsjahre kam Santonin, das hier unter anderem zur Herstellung von Tabletten benutzt wird, viermal zur Untersuchung. Davon abgesehen, dass einmal beim Schütteln von 0,01 g gepulvertem Santonin mit einer erkalteten Mischung aus 1 ccm Schwefelsäure und 1 ccm Wasser eine deutlich gelbliche Färbung auftrat, entsprachen sämtliche 4 Sendungen den Anforderungen des D. A. IV. Das Präparat verbrannte auch völlig ohne wägbaren Rückstand.

Secale cornutum.

(Mutterkorn.)

Untersuchungsmethode: siehe Helfenberger Annalen 1897, S. 351 und nach dem D. A. IV.

Untersuchungsresultate:

Nr.	$\%$ bei 100^0 C. getrocknetes wässeriges Extrakt	$\%$ Alkaloid	Bemerkungen
1	17,00	0,100	Äusseres normal, d. A. d. D. A. IV. entspr.
2	16,42	0,080	,, ,,
3	15,24	—	,, ,,
4	14,58	0,081	,, ,,
5	15,54	0,086	,, ,,
6	15,01	0,080	,, ,,

Beanstandet wurden:

Nr.			
1	16,86	0,067	Äusseres sonst normal, d. A. d. D. A. IV. entspr.
2	15,34	0,069	,, ,,

Der Gehalt an wirksamen Bestandteilen, nach der Methode von Keller bestimmt, erreichte nur einmal die von uns in den 1897er Annalen festgelegte unterste Grenze von 0,1 $\%$; wir waren deshalb genötigt, unsere diesbezügliche Forderung auf 0,075 $\%$ herunterzusetzen.

Spiritus Aetheris nitrosi.

(Versüsster Salpetergeist.)

Untersuchungsmethode: nach dem D. A. IV.

Grenzwerte des D. A. IV.: spez. Gew. bei 15^0 C. = 0,840—0,850, 10 ccm sollen nicht mehr als 0,2 ccm $\frac{n}{1}$ KOH verbrauchen.

Untersuchungsresultate:

Nr.	Spez. Ge- bei 15^0 C.	Titration der Säure	Bemerkungen
1	0,8402	—	E. s. d. A. d. D. A. IV.
2	0,8410	10 ccm = 0,5 ccm $\frac{n}{1}$ KOH.	,,
3	0,8416	10 ccm = 0,3 ccm $\frac{n}{1}$ KOH.	,,

Succus Liquiritiae crudus.

(Roher Süssholzsaft.)

Untersuchungsmethode: siehe Helfenberger Annalen 1897, S. 387, nur unter Weglassung der Chlorammonium-probe und nach dem D. A. IV.

Untersuchungsresultate:

Nr.	% Verlust bei 100 °C.	% Asche	% Glycyr-rhizin	% bei 100° C. getrocknetes wässeriges Extrakt	Bemerkungen
1	22,60	6,00	—	77,50	Aussehen, Farbe und Ge-schmack normal.
2	24,66	6,25	14,50	74,50	,,
3	20,80	6,00	11,20	70,80	,.
4	21,70	6,10	11,20	71,60	,,
5	22,10	6,05	12,80	73,60	,,
6	19,50	6,00	12,54	75,60	,,
7	20,10	6,20	11,50	72,50	,,

Beanstandet wurden:

Nr.	% Verlust bei 100 °C.	% Asche	% Glycyr-rhizin	% bei 100° C. getrocknetes wässeriges Extrakt	Bemerkungen
1	29,74	9,40	11,15—11,48	69,00	Aussehen, Farbe und Ge-schmack normal.
2	29,08	7,00	20,20—20,80	63,00	,,
3	29,72	7,20	20,00	58,75	,,
4	27,03	5,49	10,65	65,90	,,
5	28,30	7,20	19,20	58,00	,,

Die Ausbeute an wässerigem Extrakt war in diesem Jahre etwas geringer und ging sehr oft unter die von uns ge-forderten 75 % herunter. Bei dem an erster Stelle verzeich-neten Rohsuccus liess sich das Glycyrrhizin nach der üblichen Methode nicht fällen; um eine gute Abscheidung zu erzielen, war nicht nur schwaches Erwärmen, sondern starkes Erhitzen notwendig. Erfahrungsgemäss erhält man durch diese Prozedur aber zu hohe Werte; wir haben deshalb von der Eintragung des erhaltenen Wertes 18,00—19,30 % in die Tabelle abgesehen. — Es sei an dieser Stelle bemerkt, dass im Vorjahre die Tabellenköpfe für Glycyrrhizin und Extrakt auf Seite 127 verwechselt sind.

Vegetabilien.

Auch im Jahre 1905 haben wir bei einigen Drogen unsere im Jahre 1903 begonnene systematische individuelle Untersuchung der Vegetabilien weiter fortgesetzt und werden darüber bei den einzelnen zu besprechenden Drogen gesondert berichten.

A. Blätter (Folia).

Folia Sennae Alexandrinae.

(Alexandriner Sennesblätter.)

Untersuchungsmethode: nach dem D. A. IV. und nach den Helfenberger Annalen 1897, S. 353.

Untersuchungsresultate:

Nr.	$^{0}/_{0}$ bei 100^{0} C. getrocknetes wässeriges Extrakt	Bemerkungen
1	31,84	Aussehen gut, den Anforderungen d. D. A. IV. entspr.
2	26,98	,, ,,
3	32,62	,, ,,

Beanstandet wurde:

1	25,90	Aussehen schlecht, sehr viele Stiele.

Alexandriner Sennesblätter unterzogen wir vorläufig nur insofern der systematischen Untersuchung, als wir die wässerigen Extrakte, und zwar sowohl auf kaltem als auf heissem Wege, im Verhältnis 10,0 : 200,0 herstellten, aber dieselben einmal mit der Hand auspressten, das andere Mal nur freiwillig ablaufen liessen. Beide Auszüge wurden dann noch filtriert.

Die Resultate waren folgende:

I. kalt bereitet und ausgepresst:
    a) 27,69—27,80 % bei 100° C. getrocknetes Extrakt
    b) 27,60—27,73 %   „
    c) 27,50—27,59 %   „

II. kalt bereitet und nicht ausgepresst:
    a) 25,23—25,36 % bei 100° C. getrocknetes Extrakt
    b) 25,26—25,50 %   „
    c) 25,36—25,60 %   „

III. heiss bereitet und ausgepresst:
    a) 27,60—27,81 % bei 100° C. getrocknetes Extrakt
    b) 28,54—28,80 %   „
    c) 28,91—28,94 %   „

IV. heiss bereitet und nicht ausgepresst:
    a) 28,27—29,10 % bei 100° C. getrocknetes Extrakt
    b) 28,22—28,26 %   „
    c) 27,90—27,94 %   „

Von der Verarbeitung ist zu bemerken, dass die kalt bereiteten Extrakte leichter filtrierten, als die heiss bereiteten und dass andererseits die ohne Pressung gewonnenen Auszüge viel leichter filtrierten, als die mit Pressung erhaltenen; in Rücksicht auf den Schleim- und Harzgehalt waren diese Resultate zu erwarten.

Folia Stramonii.

(Stechapfelblätter.)

Untersuchungsmethode: nach dem D. A. IV. und systematische Extraktbestimmungen wie Helfenberger Annalen 1904, S. 129.

Untersuchungsresultate:

Eine Sendung Folia Stramonii, die im übrigen den Anforderungen des D. A. IV. entsprach, ergab bei der Extraktion folgende Werte:

Mit Wasser heiss	extrahiert:	30,32 %
„ „ kalt	„ :	25,91 %
„ 90 %igem Weingeist	„ :	10,61 %
„ „ „ und Ammoniak extrahiert:	11,08 %

Mit Wasser heiss extrahiert: 30,32 %
„ „ kalt „ : 25,91 %
„ 90 %igem Weingeist „ : 10,61 %
„ „ „
und Ammoniak extrahiert: 11,08 %

Folia Trifolii fibrini.

(Bitterklee.)

Untersuchungsmethode: nach dem D. A. IV. und Bestimmung des auf kaltem resp. heissem Wege im Verhältnis 10,0 : 200,0 bereiteten wässerigen Extraktes.

Untersuchungsresultate:

Im Berichtsjahre wurde nur eine Sendung Bitterklee geprüft und ergab folgende Extraktwerte:

Mit Wasser heiss bereitet 27,17 % b. 100° C. getrocknet. Extrakt
„ „ kalt „ 25,57 % „ „

Die Blätter entsprachen sonst dem D. A. IV. und waren im Äusseren bedeutend schöner als diejenigen, über welche wir in den vorigen Annalen berichten konnten.

B. Blüten (Flores).

***

Flores Chamomillae.

(Kamillen.)

Untersuchungsmethode: nach dem D. A. IV. und systematische Extraktbestimmungen wie weiter unten angegeben. Die Extraktionen von Flores Chamomillae müssen im Verhältnis von 10,0 : 200 ccm erfolgen.

Untersuchungsresultate:

Mit 68 %igem Weingeist extrahiert, zur Bereitung von Tinktur:

16,94 % bei 100° C. getrocknetes Extrakt.

Mit einem Gemisch von zwei Teilen 90 %igem Weingeist und drei Teilen Wasser extrahiert, zur Bereitung von Extrakt:

20,82 % bei 100° C. getrocknetes Extrakt.

Mit einem Gemisch von 150 g 90 %igem Weingeist und 2 g Ammoniakflüssigkeit zur Bereitung von Kamillenöl extrahiert:

8,13 % bei 100° C. getrocknetes Extrakt.

Die zu diesen Versuchen verwendeten Kamillen entsprachen im übrigen den Anforderungen des D. A. IV.

***

C. Früchte (Fructus).

Fructus Capsici.

(Spanischer Pfeffer.)

Untersuchungsmethode: nach dem D. A. IV. und systematische Extraktbestimmungen wie weiter unten angegeben.

Untersuchungsresultate:

Im Berichtsjahre wurden fünf verschiedene Muster Spanischer Pfeffer untersucht und unter Anwendung verschiedener Extraktionsmethoden folgende Werte gefunden:

Mit 90$^0/_0$igem Weingeist zur Fluidbereitung extrahiert:

I. 15,51 $^0/_0$ bei 100^0 C. getrocknetes Extrakt.
II. 12,42 $^0/_0$ „
III. 13,83 $^0/_0$ „
IV. 9,71 $^0/_0$ „
V. 9,83 $^0/_0$ „

Mit 68$^0/_0$igem Weingeist zur Tinkturenbereitung extrahiert:

I. 25,36 $^0/_0$ bei 100^0 C getrocknetes Extrakt.
II. 22,39 $^0/_0$ „
III. 24,44 $^0/_0$ „
IV. 18,26 $^0/_0$ „
V. 9,95 $^0/_0$ „

Mit einem Gemisch von zwei Teilen Weingeist und drei Teilen Wasser zur Extraktbereitung extrahiert:

II. 24,24 $^0/_0$ bei 100^0 C. getrocknetes Extrakt.
IV. 25,41 $^0/_0$ „
V. 19,56 $^0/_0$ „

Die als Nr. V bezeichneten Werte stammen von einem Muster sogenannter kleiner Schoten.

D. Kräuter (Herbae).

Herba Millefolii.

(Schafgarbe.)

Untersuchungsmethode: Identitätsprüfung, durch Prüfung des Geruches, der Farbe u. s. w. Bestimmung des Extraktes durch Ausziehen mit einem Gemisch von zwei Teilen Weingeist und drei Teilen Wasser im Verhältnis von 10,0 : 200 ccm.

Untersuchungsresultate:

Im Berichtsjahre kam nur eine Sendung Herba Millefolii zur Untersuchung.

Die im Aussehen, der Farbe und dem Geruch den an eine gute Droge zu stellenden Anforderungen entsprechende Ware, ergab eine Ausbeute von

24,34 % bei 100° C. getrockneten Extrakt.

E. Rinden (Cortices).

Cortex Cascarae Sagradae.

(Kaskara-Sagradarinde.)

Untersuchungsmethode: siehe Helfenberger Annalen 1897, S. 356.

Untersuchungsresultate:

Nr.	% bei 100° C. getrocknetes alkoholisches Extrakt	Bemerkungen
1	28,30	Die Rinde war im Aussehen etc. von normaler Beschaffenheit.

Ausserdem verwendeten wir vier andere Muster zur systematischen Drogenuntersuchung und zogen diese Kaskara Sagrada-Rinden zur Extraktdarstellung mit 68 %igem Weingeist einerseits und einem Gemisch von zwei Teilen Weingeist und drei Teilen Wasser andererseits aus. Zur Herstellung von Fluidextrakt wurde ein Gemisch von zwei Teilen Wasser und einem Teil Weingeist verwendet.

Die erhaltenen Werte waren folgende:

Mit 68 % Weingeist extrahiert:

I. 4 jährige Droge . .   25,86 % bei 100° C. getr. Extr.
II. 3   „   „   . .   24,54 %   „
III. . . . .   25,97 %   „
IV. . . . .   30,26 %   „

Mit einem Gemisch von zwei Teilen Weingeist und drei Teilen Wasser extrahiert:

I. . . . .   25,61 % bei 100° C. getr. Extr.
II. . . . .   25,34 %   „
III. . . . .   26,36 %   „
IV. . . . .   29,59 %   „

Mit einem Gemisch von zwei Teilen Wasser und einem Teil Weingeist extrahiert:

I. . . . .   26,53 % bei 100° C. getr. Extr.
II. . . . .   25,57 %   „
III. . . . .   27,13 %   „
IV. . . . .   30,76 %   „

Cortex Chinae.

(Chinarinde.)

Untersuchungsmethode: siehe Helfenberger Annalen 1897, S. 357 und nach dem D. A. IV.

Untersuchungsresultate:

Nr.	$\%$ Alkaloid	$\%$ bei 100^0 C. getrocknetes alkoholisches Extrakt	$\%$ bei 100^0 C. getrocknetes wässeriges Extrakt	Bemerkungen
1	5,31	33,82	21,10	Aussehen normal, d. A. d. D. A. IV. entsprechend.

Beanstandet wurden:

Nr.	$\%$ Alkaloid	$\%$ bei 100^0 C. getrocknetes alkoholisches Extrakt	$\%$ bei 100^0 C. getrocknetes wässeriges Extrakt	Bemerkungen	
1	3,94	24,54	13,18	Aussehen normal.	d. A. d. D. A. IV. nicht entsprechend.
2	3,76	27,56	15,17	,,	,,
3	4,34	30,44	18,28	,,	,,
4	4,54	24,58	16,30	,,	,,
5	4,73	32,00	19,52	,,	,,
6	4,86	23,74	10,10	,,	,,

Von sieben zum Kauf angebotenen Mustern Chinarinde mussten sechs wegen zu geringen Alkaloidgehaltes beanstandet werden. Betreffs der Farbe der Extraktauszüge sei bemerkt, dass das normal befundene Muster dunkle Auszüge lieferte. Von den beanstandeten Mustern hätten schon ohne Berücksichtigung des Alkaloidgehalts die Nummern 1, 2, 3 und 6 wegen zu heller Extraktauszüge zur Herstellung von Tinktur zurückgewiesen werden müssen.

Von seiten des Kolonial-wirtschaftlichen Komitees (dem wirtschaftlichen Ausschuss der Deutschen Kolonialgesellschaft) wurden wir im Oktober vorigen Jahres ersucht, zwei verschiedene Chinarinden zu begutachten; wir teilen über die Untersuchung hier folgendes mit:

Die beiden Postpakete enthielten getrocknete Chinarinden aus Kamerun und waren mit Nr. I und II bezeichnet. Aus dem beigelegten Bericht des Gouvernements-Gärtners (vom 4. August 1905 aus Buca stammend) ist folgendes hervorzuheben:

Nr. 1 stammte von Bäumen aus der im Jahre 1902 angelegten Gouvernements-Cinchona-Pflanzung in Buca (Kamerun). Es ist keine Stamm-, sondern Astrinde bis in ihre jüngsten Spitzen, die infolge allzu üppiger Seitenentwicklung von den Bäumen entfernt werden mussten.

Die Bäume wurden aus jungen Pflänzchen gezogen, die aus dem Berliner botanischen Garten stammten.

Die Rinde wurde sofort nach dem Schnitt geschält und hierauf unter Vermeidung von Sonnenwärme in einem geschlossenen Raume getrocknet.

Die Bäume der Probe I werden folgendermassen geschildert: Dieselben sind im dortigen Klima ungemein raschwüchsig, haben sehr grosse, ovale Blätter, und haben sich innerhalb dreier Jahre zu einem vollen, buschigen Baum in Pyramidenform entwickelt, der vom Boden an dicht und üppig verzweigt ist. Die Bäume haben in dieser Zeit einen sehr grossen Umfang bekommen und eine Höhe von über $2^{1}/_{2}$ m erreicht und stehen nach dem Berichte des Gärtners im günstigsten Wachstum.

Nach den Beschreibungen soll diese Cinchona-Hybride (wie die Bäume dort in Kamerun bezeichnet werden) der wertvollen Cinchona Ledgeriana sehr nahekommen.

Nr. 2 wurde ebenfalls aus jungen Pflänzchen herangezogen, welche das Kolonial-wirtschaftliche Komitee vor drei Jahren aus Berlin in zwei Ward'schen Kästen nach Buca geschickt hat, um damit im Kamerungebirge Anbauversuche anzustellen. Über die Stammpflanze der Rindenprobe II sagt der Bericht etwa folgendes: Dieselbe ist nicht so raschwüchsig als Nr. I, wächst bei weitem gedrungener und die Zweige stehen zum Stamm alle scharf, im spitzen Winkel. Die Blätter von II sind sehr viel schmäler als von Nr. I und länglich spitz zugerundet. Die Bäume entwickeln eine ausgeprägt schlanke Pyramidenform und sind im Umfang nicht so kolossal und üppig, als die Bäume von Nr. I. Dieselben haben in den drei

Jahren eine Höhe von 2 m und darüber erreicht und soll diese Cinchona-Hybride der Cinchona succirubra nahe kommen.

Beide Sorten I und II sind bei etwa 1000 m Seehöhe gewachsen.

Das Gutachten nebst Resultaten der Untersuchung, das wir über die Prüfung der beiden Chinarinden an das Kolonialwirtschaftliche Komitee sandten, teilen wir hier wörtlich wie folgt mit:

„In Beantwortung Ihres gefl. Schreibens teilen wir Ihnen ergebenst mit, dass wir im hiesigen Laboratorium die betr. Chinarinden aus Kamerun einer genauen Untersuchung haben unterziehen lassen und gleichzeitig Sorge getragen haben, dass auch eine gute Chinarinde, wie sie im Handel als Pharmakopoe-Ware zu haben ist, zum Vergleich herangezogen wurde. Wir haben die diesbezüglichen Ergebnisse zusammengestellt und müssen Ihnen zu unserem Bedauern mitteilen, dass die Kamerunrinden zwar nicht schlecht sind, dass sie aber in bezug auf die Forderungen des D. A. IV. für die medizinischen Zwecke wegen des geringen Alkaloidgehaltes nicht verwertbar sind.

Die Untersuchungen auf Alkaloid sind, wie aus der Tabelle zu ersehen ist, nach drei verschiedenen Methoden durchgeführt worden, in keinem Falle wird der vom Arzneibuch zu 5 und 6 % geforderte Alkaloidgehalt erreicht, wenn schon die mit Nr. 2 bezeichnete Rinde besser als die mit Nr. 1 bezeichnete ist. Es gilt dies auch in bezug auf die fünf verschiedenen Arten von Extraktausbeute.

Wir möchten noch hervorheben, dass sowohl der Feuchtigkeitsgrad als auch der Aschegehalt bei beiden Rinden höher ist, als bei einer gewöhnlichen Handelssorte der Cortex chinae succirubrae. Ob nicht trotzdem die Rinde für Pharmakopoezwecke, speziell für Extrakt-Herstellung u. s. w. verwertbar ist, lassen wir dahingestellt. Es können hierüber weitere Untersuchungen mit einer grösseren Menge von Material definitiv Aufschluss geben."

	Chinarinde I. Kolonial- wirtschaftliches Komitee	Chinarinde II. Kolonial- wirtschaftliches Komitee	Handelssorte v. Cort. Chin. succirubra Hamb. Firma
$\%$ Feuchtigkeit	14,31—14,57	13,82—13,98	11,00
$\%$ Asche	3,67	3,29—3,34	2,10
$\%$ Alkaloid n. d. D. A. IV.	3,07—3,14	3,40—3,42	4,54
$\%$ „ „ III.	3,11—3,14—3,19	3,49	—
$\%$ „ n. Caesar & Loretz, Halle a. S. G. B. 1905, S. 78—81.	3,23	3,45	4,65
$\%$ Extrakt (bei 100° C. getrocknet)			
1. Zur Herstellung von Aufguss oder wässerigem Extrakt mit Wasser auf kaltem Wege bereitet. 10 g Rinde wurden mit 100 g destilliertem Wasser übergossen und unter häufigem Umschütteln 24 Std. stehen gelassen. Nach Verlauf dieser Zeit wurde filtriert und 20 ccm = 2,0 g eingedampft, getrocknet und gewogen.	10,25—10,31	12,07—12,09	13,45
2. Zur Herstellung von Aufguss oder wässerigem Extrakt mit Wasser auf heissem Wege bereitet. 10 g wurden mit 100 g Wasser übergossen und 1 Std. im siedenden Wasserbad erhitzt, dann Weiterbehandlung wie oben.	12,50—12,60	15,32—15,33	15,14
3. Zur Herstellung v. saurer China-Abkochung. 10 g wurden mit 1,0 g verdünnter Schwefelsäure und 100 g Wasser ½ Std. erhitzt etc.	15,34—15,36	16,95—16,99	17,32
4. Zur Herstellung von Fluidextrakt. 10 g Rinde wurden mit 100 ccm 90$\%$igem Weingeist übergossen und sonst weiterbehandelt wie unter 1.	12,41—12,54	12,18—12,25	16,99
5. Zur Herstellung von Tinktur und Extrakt. Zur Extraktion wurde 68$\%$iger Weingeist verwendet, sonst wie unter 4.	18,85—18,99	22,04—22,32	24,60
6. Zur Herstellung von Wein u. weingeistigem Extrakt. Zum Ausziehen der Droge wurden 100 ccm eines Gemisches von 1 Teil 68$\%$igem Weingeist u. 1 Teil dest. Wasser verwendet.	16,27—16,30	19,65—19,91	20,27

Cortex Cinnamomi.

(Zimmtrinde.)

Untersuchungsmethode: siehe Helfenberger Annalen, S. 357
und nach dem D. A. IV.

Untersuchungsresultate:

Im Berichtsjahre wurde nur eine Sendung Cortex Cinnamomi Cassiae geprüft. Die Rinde, welche in Farbe, Geruch und sonstigem Aussehen von normaler Beschaffenheit war, lieferte

11,47 % alkoholisches bei 100° C. getrocknetes Extrakt.
5,26 % wässeriges   „   „   „

Cortex Condurango.

(Kondurangorinde.)

Untersuchungsmethode: nach dem D. A. IV. und Extraktbestimmungen nach den weiter unten angegebenen Methoden.

Untersuchungsresultate:

Sendungen von Kondurangorinde wurden im Berichtsjahre nicht untersucht.

Unsere systematische Drogenuntersuchung dehnten wir jedoch auf diese Rinde aus, indem wir ein Kaufsmuster Kondurangorinde 1) zur Extraktdarstellung mit einem Gemisch aus zwei Teilen Weingeist und einem Teil Wasser extrahierten:

Die Extraktlösung war von gelber Farbe und gab 17,02 % Ausbeute an trockenem Extrakt.

2) Zur Herstellung von Fluidextrakt die Rinde mit einem Gemisch von einem Teil Weingeist und drei Teilen Wasser auszogen: Der Auszug war bräunlichgelb und gab 17,58 % bei 100° C. getrocknetes Extrakt.

3) Zur Fabrikation von Tinktur die Rinde schliesslich mit 68 % igem Weingeist extrahierten. Die erhaltene Tinktur war von gelber Farbe und gab 16,49 % Trockenrückstand.

Die zu den Versuchen verwendete Rinde, welche im Äusseren u. s. w. dem D. A. IV. entsprach, gab nach unseren bisherigen Erfahrungen demnach normale Extraktausbeuten.

F. Samen (Semina).

Lycopodium.

(Bärlappsamen.)

Untersuchungsmethode: nach dem D. A. IV.

Untersuchungsresultate:

Im Jahre 1905 wurde nur eine Sendung Bärlappsamen geprüft.

Das Aussehen entsprach den Anforderungen des D. A. IV. Dasselbe bestand, wie die mikroskopische Prüfung zeigte, aus fast gleichgrossen Körnern und war durch Blätter und Stengelteilchen nicht verunreinigt. Der Aschegehalt bewegte sich mit 1,74 % in den vom D. A. IV. festgelegten Grenzen.

Semen Sinapis.

(Senfsamen.)

Untersuchungsmethode: Bestimmung des ätherischen Senf-
öls nach der modifizierten E. Dieterich'schen Methode:
siehe Helfenberger Annalen 1901, S. 116 oder nach der
Methode des D. A. IV.

Ausserdem nach dem D. A. IV. und eventuell nach
Helfenberger Annalen 1900, S. 185 ff.

Untersuchungsresultate:

Nr.	$^0/_0$ ätherisches Senföl titriert	Bemerkungen	Nr.	$^0/_0$ ätherisches Senföl titriert	Bemerkungen
1	0,72	indische Senfsaat	17	0,80	Bombay-Senf, grosskörnig.
2	0,76	„	18	0,76	indischer Senf „
3	0,64	„			
4	0,66	„	19	0,84	holländ. Senf, sehr kleinkörnig.
5	0,70	—			
6	0,63	—	20	0,57	—
7	0,62	—	21	0,56	—
8	0,65	Bombay-Senf, grosskörnig.	22	1,02	türkischer Senf, sehr kleinkörnig.
9	0,65	indischer Senf „	23	0,88	amerikan. Senf, kleinkörnig.
10	0,62	Sarepta-Senf	24	0,65	—
11	0,77	indischer Senf	25	0,61	—
12	0,66	—	26	0,65	—
13	0,63	—			

Nr.	$^0/_0$ ätherisches Senföl titriert	Bemerkungen
14	0,68	russischer Senf, grosskörnig
15	0,73	„ „
16	0,75	Bombay-Senf „

Beanstandet wurden:

Nr.	$^0/_0$ ätherisches Senföl titriert	Bemerkungen
1	0,54	—
2	0,35	—
4	0,04	sollte russischer Senf sein!?

Im Berichtsjahre untersuchten wir auch je eine Durchschnittsprobe unseres entölten feinen und groben Senfpulvers
und fanden den Gehalt an ätherischem Senföl

im feinen Pulver zu 1,421 $^0/_0$

„ groben „ „ 0,662 $^0/_0$

In Rücksicht auf die Farbe des aus den Senfsamen hergestellten Pulvers sahen wir vom Einkauf sehr kleinkörniger Senfsaat möglichst ab — trotzdem dieselbe meist reich ist an ätherischem Senföl — weil unseren Abnehmern an einem sehr hellen Pulver in vielen Fällen gelegen ist. Die Menge der dunklen Aussenschalen ist naturgemäss beim kleinkörnigen Senf grösser und die Folge ein dunkleres Pulver.

G. Wurzeln (Radices).

Radix Gentianae.

(Enzianwurzel.)

Untersuchungsmethode: siehe Helfenberger Annalen 1897, S. 359 und nach dem D. A. IV.

Untersuchungsresultate:

Nr.	$\%$ bei 100° C. getrocknetes, wässeriges, kalt bereitetes Extrakt	$\%$ bei 100° C. getrocknetes, mit 68% igem Weingeist bereitetes Extrakt	Bemerkungen
1	48,00	40,34	Aussehen normal, d. A. d. D. A. IV. entsprechend.
2	35,54	32,96	„
3	48,10	44,12	„ starke Wurzeln v. hellem Bruch.

Beanstandet wurden:

Nr.			
1	30,42	31,94	Aussehen normal, starke Wurzeln von dunklem Bruch.

Radix Ipecacuanhae.

(Brechwurzel.)

Untersuchungsmethode: siehe Helfenberger Annalen 1897,
S. 359 und nach dem D. A. IV.

Untersuchungsresultate:

Nr.	% Alkaloid	Bemerkungen
1	2,11	Aussehen normal, d. A. d. D. A. IV. entsprechend.
2	2,13	„ „
3	2,05	„ „

Beanstandet wurden:

Nr.	% Alkaloid	Bemerkungen
1	1,88	Aussehen normal, d. A. d. D. A. IV. nicht entsprechend. (totum concisa.)
2	1,98	„ anormal „
3	1,53	„ „ „
4	1,59	„ „ „
5	1,47	„ „ „
6	1,73	„ „ „
7	1,52	„ „ „
8	1,47	„ „ „
9	1,59	„ „ „ sehr dünne Wurzeln mit starkem Holzteil u. schwacher Rindenschicht.
10	1,83	„ normal „
11	1,52	„ „ „
12	1,47	„ „ „

Im Berichtsjahre wurde nur Rio Ipecacuanha untersucht.
Von allen Mustern hatte nur der fünfte Teil den vom D. A. IV.
geforderten Emetingehalt.

Radix Liquiritiae russica.

(Russisches Süssholz.)

Untersuchungsmethode: siehe Helfenberger Annalen 1897, S. 359 und nach dem D. A. IV.

Untersuchungsresultate:

Nr.	$^0/_0$ bei 100° C. getrocknetes wässeriges Extrakt	Bemerkungen
1	30,30	Aussehen normal, d. A. d. D. A. IV. entspr.
2	31,00	„ „
3	32,00	„ „
4	32,80	„ „
5	33,00	„ „
6	32,70	„ „
7	32,50	„ „
8	35,30	„ „
9	36,10	„ „
10	32,34	„ „
11	30,00	„ „
12	31,01	„ „
13	30,50	„ „
14	32,81	„ „
15	32,18	„ „
16	33,18	„ „

Beanstandet wurden:

Nr.		Bemerkungen
1	21,40	Aussehen mittelmässig.
2	22,20	„ schlecht, waren vollständig mit Moder überzogene Sizilianische Süssholzabfälle.
3	29,10	„ normal.
4	28,70	„ „
5	26,00	„ „
6	24,00	„ „
7	24,40	„ „
8	28,50	„ „
9	29,00	„ „

Radix Senegae.

(Senegawurzel.)

Untersuchungsmethode: nach dem D. A. IV. und Feststellung der Extraktausbeuten nach dem in den Helfenberger Annalen 1903, S. 184—185 und hier weiter unten angegebenen Verfahren.

Untersuchungsresultate:

Nr.	$\%$ bei 100° C. getrocknetes alkoholisches Extrakt	Bemerkungen
1	27,93—27,96	Aussehen gut, d. A. d. D. A. IV. entspr.
2	26,62—27,32	,, ,,
3	28,24—28,92	,, ,,
4	27,41—27,69	,, ,,
5	24,86—24,89	,, ,,

Mehrere Sendungen von Senegawurzel, die im übrigen den Anforderungen des D. A. IV. entsprachen, wurden ebenfalls systematisch extrahiert; wir geben die erhaltenen Resultate hier an:

I. Mit Wasser kalt extrahiert, zur Bereitung von Infusum: Die Auszüge waren in dünner Schicht von hell gelbbrauner, in dicker Schicht von rötlicher Farbe.

a) 16,22 $\%$ bei 100° C. getrocknetes Extrakt.

b) 15,52 $\%$,,

c) 26,73 $\%$,,

d) 16,82 $\%$,,

e) 26,53 $\%$,,

f) 21,82 $\%$,,

II. Mit Wasser heiss extrahiert, zur Herstellung von Infusum

a) 17,61 $\%$ bei 100° C. getrocknetes Extrakt.   rötlichbrauner Auszug.

b) 18,32 $\%$,,   ,,

c) 27,91 $\%$,,   ,,

d) 17,89 $\%$,,   ,,

e) 14,37 $\%$,,   hellgelber Auszug.

f) 11,55 $\%$,,   bräunlichgelber Auszug.

III. Mit einem Gemisch von zwei Teilen Weingeist und einem
     Teil Wasser extrahiert zur Bereitung von Fluid-
     extrakt:
     a) 22,66 % bei 100 ° C. getrocknetes Extrakt.
     b) 20,43 %   „
     c) 33,09 %   „
     d) 19,78 %   „

IV. Mit einem Gemisch von zwei Teilen Weingeist und drei
     Teilen Wasser zur Bereitung von Extrakt:
     a) 19,95 % bei 100 ° C. getrocknetes Extrakt.
     b) 20,87 %   „
     c) 31,42 %   „
     d) 21,28 %   „

V. Mit einem Gemisch von einem Teil Weingeist und neun Teilen
    Wasser zur Herstellung von Sirup extrahiert:
    a) 17,29 % bei 100 ° C. getrocknetes Extrakt.
    b) 17,96 %   „
    c) 29,87 %   „
    d) 17,42 %   „

VI. Mit einem Gemisch von zwei Teilen verdünntem Spiritus
     von 68 % und neun Teilen Wasser zur Darstellung
     von Sirup extrahiert:
     a) 18,20 % bei 100 ° C. getrocknetes Extrakt.
     b) 15,96 %   „
     c) 27,73 %   „

Radix Valerianae.

(Baldrian.)

Untersuchungsmethode: Prüfung des Aussehens, der Farbe und des Geruches nach dem D. A. IV. Bestimmung der Ausbeute an alkoholischem Extrakt nach der allgemein bekannten Methode unter Verwendung von gleichen Teilen Alkohol und Wasser als Extraktionsmittel.

Untersuchungsresultate:

Im vorigen Jahre wurden uns nur zwei Proben Baldrianwurzel zum Kauf angeboten.

Das Aussehen beider war nicht besonders, die erste „Radix Valerianae contus." schien nur aus den Baldrian-Nebenwurzeln zu bestehen, die zweite Probe „Radix Valerianae Gruss" war im Aussehen noch minderwertiger.

Die Ausbeuten an alkoholischem Extrakt betrugen bei der ersten Probe 12,35, bei der zweiten 12,83 $^0/_0$, blieben also hinter den im Dezennium der H. A. S. 222 geforderten 17 $^0/_0$ weit zurück.

H. Wurzelstöcke (Rhizomata).

Rhizoma Filicis.

(Farnwurzel.)

Untersuchungsmethode: Bestimmung des Gehaltes an ätherischem Extrakt und nach dem D. A. IV.

Untersuchungsresultate:

Im Jahre 1905 wurde ein Muster einer grossen Sendung Farnwurzeln im Laboratorium untersucht. Das im Betrieb durch Mahlen hergestellte grobe Pulver hatte noch 10,54 % Feuchtigkeit und lieferte

lufttrocken verwandt 9,94—10,60 % ätherisches Extrakt, getrocknet „ 11,20 % „ „

Die Ausbeute war demnach bedeutend höher als im Vorjahre.

Rhizoma Galangae.

(Galgant.)

Untersuchungsmethode: nach dem D. A. IV. und Extraktion mit verdünntem 68 % igem Spiritus.

Untersuchungsresultate:

Im Berichtsjahre wurde uns von einer Gross-Drogenhandlung ein Muster Galgantwurzel zum Kauf angeboten.

Das im Geruch, Geschmack und Farbe, wie auch sonst den Anforderungen des D. A. IV. entsprechende Pulver gab bei der Extraktion mit 68 % igem Spiritus eine Ausbeute von 12,30 % bei 100 ° C. getrocknetem Extrakt.

Die Tinktur war ebenfalls von sehr gewürzhaftem Geruch und Geschmack und von guter Farbe.

Rhizoma Zingiberis.

(Ingwer.)

Untersuchungsmethode: nach dem D. A. IV. und Extraktbestimmung nach den weiter unten angegebenen Methoden.

Untersuchungsresultate:

Eine Sendung Ingwer, die im übrigen den Anforderungen des D. A. IV. entsprach, wurde

1) mit einem Gemisch von einem Teil Weingeist und acht Teilen Wasser extrahiert:
   7,86 % bei 100° C. getrocknetes Extrakt.

2) mit 68 %igem Weingeist extrahiert:
   4,88 % bei 100° C. getrocknetes Extrakt.

3) mit 90 %igem Weingeist extrahiert:
   2,79 % bei 100° C. getrocknetes Extrakt.

Die Mischung Nr. 1 lieferte somit die beste Extraktausbeute.

Wachse.

A. Pflanzenwachse.

Cera japonica.

(Japanwachs.)

Untersuchungsmethode: siehe Helfenberger Annalen 1897, S. 364.

Untersuchungsresultate:

Nr.	Schmelz-punkt ^{0} C.	S.-Z. d.	E.-Z.	V.-Z. h.	$^0/_0$ Verlust bei 100^0 C.	Bemerkungen
1	54,0	17,85	184,37	202,22	—	Stärkefrei.
2	53,0	17,48	193,67	211,15	—	„
3	52,0—53,0	17,48	193,22	210,70	—	„
4	53,0	19,46	196,54	216,00	—	„
5	49,0—50,0	24,84	196,10	220,94	1,41	„
6	49,0—50,0	23,70	192,24	215,94	0,88	„
7	49,0—50,0	23,29	192,67	215,96	1,37	„
8	51,0—52,0	24,18	198,89	223,07	1,54	„

Sämtliche im Jahre 1905 untersuchten Proben von Japanwachs waren normal, die Säurezahl war zum Teil noch etwas höher wie in den Annalen 1897, S. 364 angegeben.

B. Tierwachse.

Adeps Lanae anhydricus.

(Wasserfreies Wollfett.)

Untersuchungsmethode: siehe Helfenberger Annalen 1897, S. 340 und nach dem D. A. IV. (incl. Adeps Lanae cum Aqua, Wasserhaltiges Wollfett).

Untersuchungsresultate:

Nr.	$0/0$ Asche	S.-Z.	Wasser-aufnahme-fähigkeit in Prozenten	Bemerkungen
A) purum D. A. IV.				
1	0,00	0,56	Über 200	E. s. d. A. d. D. A. IV.
2	0,00	0,33	„ 250	„ helle Farbe.
3	0,00	0,29	„ 250	„ hellgelbe Farbe.
B) technicum.				
1	0,00	0,67	Über 250	Von brauner Farbe und etwas Geruch.
2	0,00	0,78	„	„
3	0,00	0,67	„	„
4	Spuren	0,44	„	Von brauner Farbe und starkem Geruch.
5	0,00	0,56	„	„
6	Spuren	0,78	„	„
7	„	0,56	Etwa 300	Gaben schwache Opaleszenz bei der Silbernitratprfg. des D. A. IV. E. s. d. A. d. D. A. IV.
8	0,06	0,56	„ 200	
9	Spuren	0,56	„ 150	
10	0,07	0,33	„ 130	
11	0,06	0,11	„ 300	Mit $AgNO_3$ schwache Opaleszenz.
12	Spuren	—	„ 250	„ gibt mit Kalkwasser rotes Lackmuspapier bläuende Dämpfe.
13	„	0,67	„ 150	„
14	0,00	0,78	„ 200	—
15	0,00	0,76	Über 250	Gelbbraune Farbe, starker Geruch. E. s. d. A. d. D. A. IV.
16	0,00	0,76	„	„
17	0,00	0,87	„	„

Cera alba.

(Weisses Wachs.)

Untersuchungsmethode: siehe Helfenberger Annalen 1897,
S. 364 und nach dem D. A. IV., bei letzterem die Be-
stimmung der S.-Z. d., E.-Z. und V.-Z. h., welche falsche
Resultate gibt, ausgenommen.

Untersuchungsresultate:

Nr.	Spez. Gew. bei 15° C.	Schmelzpunkt ° C.	S.-Z. d.	E.-Z.	V.-Z. h.	Bemerkungen
1	0,9670	63,0	23,30	73,76	97,06	E. s. d. A. d. D.A.IV.
2	0,9690	64,0	21,46	75,60	97,06	,,
3	0,9620	64,0--65,0	23,40	72,92	96,32	,, bis auf die etwas mehr als erlaubte Trübung d. Weingeistprobe.

Cera flava.

(Gelbes Wachs).

Untersuchungsmethode: siehe Helfenberger Annalen 1897,
S. 362, 363 und nach dem D. A. IV., bei letzterem
mit Ausnahme der S.-Z. d., E.-Z. und V.-Z. h., welche
nach der Vorschrift des D. A. IV. zu niedrig ausfallen.

Untersuchungsresultate:

Nr.	Spez. Gew. bei 15° C.	Schmelzpunkt ° C.	S.-Z. d.	E.-Z.	V.-Z. h.	Bemerkungen
1	0,9650	64,0	19,71	73,80	93,51	E. s. d. A. d. D. A. IV.
2	0,9640	63,0—64,0	19,45	75,76	95,21	,,
3	0,9650	64,0	19,34	74,88	94,22	,,
4	0,9640	64,0	18,66	72,81	91,47	,,
5	0,9638	63,5	19,60	73,70	93,30	,,
6	0,9660	63,0—64,0	18,66	75,66	94,32	,,

Beanstandet wurden:

Nr.	Spez. Gew. bei 15°C.	Schmelz-punkt °C.	S.-Z. d.	E.-Z.	V.-Z. h.	Bemerkungen
1	0,9603	64,0	20,53	69,07	89,60	E. s. d. A. d. D. A. IV.
2	—	64,0	20,53	66,27	86,80	„
3	0,9594	64,0	20,53	67,20	87,73	„
4	0,9612	64,0	20,53	68,13	88,66	„
5	0,9588	64,0	20,53	66,27	86,80	„
6	—	64,0	20,53	68,13	88,66	„
7	0,9607	64,0	20,53	69,07	89,60	„
8	0,9594	65,0	19,60	73,75	93,35	„.
9	—	—	9,33	40,15	49,48	—
10	—	—	18,66	79,36	98,02	E. s. d. A. d. D. A. IV.
11	—	—	6,53	93,35	99,88	—
12	—	—	19,60	60,68	80,28	—
13	—	—	18,66	77,48	96,14	E. s. d. A. d. D. A. IV.
14	—	—	16,80	60,69	77,49	—
15	—	—	18,66	70,01	88,67	—
16	—	—	18,66	71,89	90,55	E. s. d. A. d. D. A. IV.
17	—	—	6,53	86,82	93,35	—
18	—	—	15,87	73,75	89,62	—
19	0,9672	63,0—64,0	19,60	71,87	91,47	— schlechte Soda-probe.
20	—	64,0	19,02	70,88	89,90	—
21	0,9485	64,0	18,81	71,05	89,86	—
22	—	64,0	19,13	71,40	90,53	—
23	0,9580	65,0	20,38	76,18	96,56	E. s. d. A. d. D. A. IV. bis auf die starke Trübung bei der Weingeistprüfung.
24	0,9588	65,0	20,57	74,06	94,63	Weingeist schwach gelb.
25	0,9590	64,0—65,0	18,43	78,06	96,49	—
26	0,9580	64,0	19,40	77,02	96,42	—
27	0,9590	64,0	19,46	77,89	97,35	—
28	0,9650	63,0—64,0	19,18	76,56	95,74	E. s. d. A. d. D. A. IV. vollständ.
29	0,9640	64,0	19,25	76,11	95,36	„ „
30	0,9570	61,0	15,69	96,95	112,64	9,62 J.-Z. n. H.-W.
31	0,9550	61,0—62,0	19,43	87,82	107,25	9,03 „ „
32	0,9670	61,0	19,27	87,17	106,44	10,20 „ „
33	0,9520	61,0	16,82	90,51	107,33	8,76 „ „
34	0,9600	61,0—62,0	20,51	92,74	113,25	11,75 „ „
35	0,9610	66,0	19,54	74,16	93,70	Die Proben d. D. A. IV. werden nicht genügend ausgehalten. Weingeist deutlich gelb, schwach sauer, wird nicht getrübt.
36	—	64,0 - 65,0	19,55	74,40	93,95	Sodaprobe ungenügend.

Nr.	Spez. Gew. bei 15⁰ C.	Schmelz-punkt ⁰ C.	S.-Z. d.	E.-Z.	V.-Z. h.		Bemerkungen
37	—	—	15,86	43,88	59,74		War Marokkowachs.
38	—	—	13,06	46,68	59,74		Sollte Landwachs sein.
39	0,9651	64,0—65,0	18,60	71,02	89,62		Äusseres E. s. d. A. Holsteiner gut. d. D. A. IV. Wachs.
40	0,9607	64,0—65,0	18,60	73,81	92,41		„ „ „
41	0,9603	64,0	19,60	70,02	89,62		„ „ „
42	0,9632	64,0	18,60	71,02	89,62		„ „ „
43	0,9510	63,0—64,0	19,33	63,53	82,86		—
44	0,9540	63,0—64,0	19,37	63,40	82,77		—
45	0,9625	61,0	11,20	98,90	110,10	9,39	J.-Z. n. H.-W.
46	—	61,0	11,20	100,80	112,00	9,31	„
47	—	61,0	14,01	95,19	109,20	—	klebt stark.
48	—	57,0	1,86	26,14	28,00		—
49	—	—	1,86	27,08	28,94		—
50	0,9180	58,0	2,77	38,72	41,49		— Geruch honigartig.
51	0,9250	59,0	2,77	39,64	42,41		— „ „

Die Anzahl der beanstandeten Wachse ist in diesem Jahre
eine besonders grosse; die betr. Wachse sind trotzdem nicht
in allen Fällen als unrein zu betrachten; es ist in Rücksicht
darauf, dass die Imker in der Hauptsache Kunstwaben verwenden, und diese Kunstwaben immer mehr in Aufnahme
kommen, nicht wunderbar, wenn die betreffenden Wachse
nicht den Anforderungen in Bezug auf die Grenzwerte und
qualitativen Proben entsprechen, trotzdem sie nicht in jedem
Fall als absichtlich verfälscht zu bezeichnen sind. Der Verwendung von Kunstwaben muss in Zukunft Rechnung
getragen und die Grenzwerte entsprechend normiert
werden. — Wir hoffen auf diese interessante Frage der Verwendung von Kunstwaben und deren Einfluss auf das erhaltene Wachs demnächst ausführlich zurückzukommen.

Eine sehr ausführliche und wertvolle Monographie über
gelbes Wachs, mit reichlichem eignen Versuchsmaterial ver-
sehen, ist die Arbeit von Dr. P. Bohrisch und R. Richter
in der pharm. Centralhalle 1906, Nr. 11—16, auf welche wir

besonders hinweisen möchten; in dieser Arbeit wird der
Beweis erbracht, dass die kalte Verseifung von Henriques —
wie schon K. Dieterich gefunden hat (Annalen 1896 u. 97) —
mit der heissen keine übereinstimmenden Werte gibt. Bekanntlich waren bisher die Ansichten hierüber geteilt.

Weinhefedestillat.

Untersuchungsmethode: Bestimmung des spez. Gewichts
bei 15 ⁰ C., Prüfung der Farbe, des Geruches und
Geschmackes.

Untersuchungsresultate:

Nr.	Spez. Gew. bei 15⁰ C.	Bemerkungen.
1	0,8890	Farblos, von normalem Geruch und Geschmack.
2	0,8830	„
3	0,8814	„
4	0,8810	„

Zuckerarten.

Flüssige Raffinade.

Untersuchungsmethode: Qualitativ nach den im D. A. IV. an Saccharum gestellten Anforderungen und Bestimmung des Invert- und Rohrzuckers nach der in den Annalen 1903 S. 207 angegebenen Methode.

Untersuchungsresultate:

Von flüssiger Raffinade kamen im Berichtsjahre nur zwei grössere Sendungen zur Prüfung.

Der Gehalt an Invertzucker schwankte zwischen 39,60 u. 41,70 %

„   „   „ Rohrzucker   „   „   35,20 „ 37,91 %

Qualitativ waren wie immer Spuren von Chloriden nachweisbar.

Mannitum.

(Mannit.)

Untersuchungsmethode: nach E. Schmidt, organ. Chemie, IV. Aufl., S. 283 u. 284.

Untersuchungsresultate:

Mannit kam im Vorjahre dreimal zur Prüfung. Derselbe war stets optisch inaktiv, enthielt einmal Spuren von Chloriden, entsprach aber sonst allen Anforderungen.

Saccharum.

(Zucker, Meliszucker.)

Untersuchungsmethode: nach dem D. A. IV.

Wir benutzen zur Polarisation einen Polarisations-apparat nach Lippich auf Bockstativ von Franz Schmidt & Haensch, Berlin S.

Zur Polarisation werden 26,048 g Zucker zu 100 ccm gelöst und die abgelesenen Grade mit 2,887 multipliziert oder man löst 25,045 g und multipliziert dann mit 3.

In beiden Fällen gibt die erhaltene Zahl die Prozente Rohrzucker an. Die Polarisation wird im 200 mm-Rohr vorgenommen.

Untersuchungsresultate:

Nr.	% Rohrzucker	Bemerkungen
A) Weisser Meliszucker.		
1	99,15	E. s. d. A. d. D. A. IV.
2	99,90	,,
3	99,45	,,
4	99,75	,,
5	98,55	,,
6	98,40	,,
7	98,55	,,
8	97,95	,,
9	99,30	,,
10	99,00	,,
11	98,70	,, bis auf schwache Opaleszenz mit $AgNO_3$.
12	98,40	,, ,,
13	98,35	,,
14	98,25	,,
15	99,75	,,
16	98,70	,,
17	98,25	,,
18	98,55	,,

Nr.	$\%$ Rohrzucker	Bemerkungen
19	98,40	E. s. d. A. d. D. A. IV.
20	99,75	,,
21	98,10	,,
22	99,45	,,
23	98,25	,,
24	99,75	,,
25	98,55	,,

Zu bemerken ist, dass eine hier aufgeführte Analyse der Durchschnittsprobe von 5 Sack Zucker entstammt.

Nr.	$\%$ Rohrzucker	Bemerkungen

B) Gelber Farinzucker.

Nr.	$\%$ Rohrzucker	Bemerkungen
1	94,95	Enthielt viel Calciumverbindungen und Sulfate, wenig Chloride und war von gelbbrauner Farbe.
2	95,25	,,
3	95,40	,,
4	94,95	,,
5	92,55	,,
6	94,65	,,
7	94,80	,,

Saccharum Lactis.

(Milchzucker.)

Untersuchungsmethode: nach dem D. A. IV.

Untersuchungsresultate:

Nr.	$^0/_0$ in Weingeist lösliche Anteile	$^0/_0$ Asche	Bemerkungen
1	0,88	—	E. s. d. A. d. D. A. IV.
2	1,01	—	,,
3	1,14	--	,,
4	0,70	0,019	,,
5	1,09	0,080	,,

Beanstandet wurden:

Nr.	$^0/_0$ in Weingeist lösliche Anteile	$^0/_0$ Asche	Bemerkungen
1	0,78	0,14	D. A. d. D. A. IV. nicht entsprechend.
2	0,81	0,13	,,
3	1,37	0,15	,,

Das D. A. IV. gibt an, dass Milchzucker in 7 Teilen
kaltem Wasser löslich ist. Wie unter Extracta solida bemerkt, schenkten wir dieser Angabe des Arzneibuches besondere Aufmerksamkeit und fanden bei sämtlichen im
Berichtsjahre untersuchten Proben, dass die Lösung in diesem
Verhältnis bei 15° C. erst nach längerem, 12—24 stündigem
Stehen eintritt, dass sich der Milchzucker in diesem
Verhältnis aber sofort löst, wenn man ganz gelinde
erwärmt.

Saccharum pulveratum.

(Puderzucker.)

Untersuchungsmethode: Wie bei Meliszucker S. 139.

Untersuchungsresultate:

Nr.	$\%$ Rohrzucker	Bemerkungen
1	98,80	E. s. d. A. d. D. A. IV.
2	99,00	„
3	98,55	„
4	98,40	„
5	99,75	„
6	98,25	„

Traubenzucker.

(Glukose, Stärkezucker.)

Untersuchungsmethode: Bestimmung der Glukose nach E. Schmidt, org. Chemie, IV. Auflage, S. 887, ferner der Asche und Feuchtigkeit. Qualitative Prüfung auf Verunreinigungen.

Untersuchungsresultate:

Nr.	$\%$ Traubenzucker	$\%$ Feuchtigkeit	$\%$ Asche	Bemerkungen
1	65,88	13,59	0,16	Enthielt Spuren von Sulfaten, Chloriden und Calciumverbindungen.
2	65,24	12,45	0,27	„
3	64,80	15,50	0,25	„

B.

Präparate.

Aqua Amygdalarum amararum.

(Bittermandelwasser.)

Untersuchungsmethode: nach dem D. A. IV.

Untersuchungsresultate:

Nr.	Spez. Gew. bei 15° C.	25 ccm verbrauchten x ccm $\frac{n}{10}$ AgNO$_3$	Gew.- resp. Vol.- $\%$ HCN	Bemerkungen
1	0,9752	4,60	0,1016	E. s. d. A. d. D. A. IV.
2	—	4,50	0,0974	,,
3	—	4,55—4,60	0,0985—0,0995	,,
4	0,9750	4,80	0,1065	,,
5	0,9750	4,70	0,1040	,,
6	0,9750	4,55	0,1009	,,
7	—	4,50	0,0974	,,
8	0,9750	4,60	0,1021	,,

Beanstandet wurden:

Nr.	Spez. Gew. bei 15° C.	25 ccm verbrauchten x ccm $\frac{n}{10}$ AgNO$_3$	Gew.- resp. Vol.- $\%$ HCN	Bemerkungen
1	—	4,45	0,0963	E. s. d. A. d. D. A. IV.
2	0,9760	5,20	0,1153	,,

Nr. 1 der beanstandeten Bittermandelwasserproben war
zu niedrig, Nr. 2 zu hoch im Gehalt an Benzaldehydcyan-
wasserstoff.

Chartae.

(Papiere.)

Chartae exploratoriae.

(Reagenspapiere.)

Untersuchungsmethode: siehe Helfenberger Annalen 1897, S. 367.

Untersuchungsresultate:

Charta exploratoria	Anzahl der untersuchten Fabrikationen	Empfindlichkeit gegen NH_3
Kurkumapapier		
auf Filtrierpapier, in Bogen	4	1:10000— 1:20000
„ Postpapier, einseitig, in Bandform	2	1:5000— 1:10000
„ „ „ „ Bogen	2	1:10000— 1:20000
„ „ zweiseitig „ „	2	1:5000— 1:20000
Lackmuspapier, rot		
auf Filtrierpapier, in Bandform	5	1:10000— 1:30000
„ „ „ Bogen	12	1:20000— 1:50000
„ Postpapier, einseitig, in Bandform	2	1:20000— 1:40000
„ „ „ „ Bogen	3	1:30000— 1:40000
„ „ zweiseitig „ „	5	1:20000— 1:50000

Charta exploratoria	Anzahl der untersuchten Fabrikationen	Empfindlichkeit
Phenolphtalein - Papier auf Filtrierpapier, in Bandform	3	gegen NH_3 1:50000— 1:20000
Kongorotpapier auf Filtrierpapier, in Bogen	3	gegen SO_3 1:5000— 1:20000
„ Postpapier, einseitig, in Bandform	1	1:5000
„ „ „ „ Bogen	1	1:10000
„ „ zweiseitig „ „	2	1:10000— 1:20000
Lackmuspapier, blau auf Filtrierpapier, in Bandform	4	1:10000— 1:40000
„ „ „ Bogen	13	1:20000— 1:50000
„ Postpapier, einseitig, in Bandform	3	1:20000— 1:40000
„ „ „ „ Bogen	4	1:10000— 1:30000
„ „ zweiseitig „ „	4	1:20000— 1:30000

Chartae exploratoriae diversae.

(Verschiedene Reagenspapiere.)

Untersuchungsmethode: Wir prüfen qualitativ auf die entsprechende Reaktionsfähigkeit.

Untersuchungsresultate:

Nr.	Charta exploratoria	Art der Prüfung der Empfindlichkeit	Anzahl der geprüften Fabrikationen	Empfindlichkeit
1	**Bleipapier** z. Nachweis v. Schwefelwasserstoff, auf Filtrierpapier in Bogen.	Mit Schwefelwasserstoffgas od. Schwefelwasserstoffwasser: Schwärzung.	3	Bei allen drei Proben normal.
	Harnreagenspapier A. zum Nachweis von Eiweiss im Urin.	Mit einer sehr verdünnten Eiweisslösung: Deutliche Trübung resp. Fällung.		
2	**Eiweissreagenspapier** Nr. I auf Filtrierpapier in Bogen.	Müssen zusammen geprüft werden.	2	Normal, je zwei zusammen geprüfte Fabrikationen zeigten die geringsten Spuren Eiweiss sofort an und zwar noch in Verdünnungen bis 1 : 7500, d. h. bei 0,0133% Eiweissgehalt.
3	„ II „		2	
	B. z. Nachweis von Traubenzucker im Urin.	Mit einer sehr verdünnten Traubenzuckerlösung ohne zu schütteln über einer Spirituslampe oder in kochendem Wasser erhitzen. Entfärbung resp. Fällung von Cu_2O.		Normal, je zwei zusammen geprüfte Fabrikationen liessen Traubenzucker in geringster Menge sofort erkennen und zwar noch in Verdünnungen bis 1 : 5000, d. h. bei 0,02% Zuckergehalt.
4	**Zuckerreagenspapier** Nr. I auf Filtrierpapier in Bogen.	Müssen zusammen geprüft werden.	3	
5	„ II „		3	
6	**Phenolphtalein-Polpapier** zum Nachweis des negativen Pols, auf Filtrierpapier, in Bandform.	Mit einem Strom von 120 Volt Spannung und $^4/_{10}$ Ampère Stromstärke wird das feuchte Papier behandelt: Deutl. Rotfärbung am negativen Pol.	3	Der geringe Strom wurde in allen Fällen schnell und deutlich angezeigt.

Nr.	Charta exploratoria	Art der Prüfung der Empfindlichkeit	Anzahl der geprüften Fabrikationen	Empfindlichkeit
7	**Stärkepapier** zum Nachweis freien Jods, auf Postpapier, zweiseit., in Bogen.	Mit Jodwasser: Bläuung.	3	Bei allen Fabrikationen normal.
8	**Stärke-Jodkali-Papier,** auf Postpapier, einseitig, zum Nachweis v. freiem Chlor, Brom, Wasserstoffsuperoxyd, überhaupt von allen aus Jodkalium das Jod ausscheidenden Verbindungen.	Mit Chlor- oder Bromwasser: Deutliche Bläuung.	2	Bei beiden Fabrikationen normal.
9	**Tonfixierpapier, Toncit, Charta photographica,** auf Filtrierpapier, in 4 verschiedene Formate geschnitten zum Tonen v. Bildern, hauptsächlich für Amateurphotographen als Ersatz d. Tonfixierbäder.	Probeweises Tonen einer photographischen Aufnahme und Bestimmung des im Papier enthaltenen Thiosulfates. 50 $\square$cm werden mit Wasser extrahiert und unter Zusatz von einigen Tropfen Stärkelösung mit $\frac{n}{10}$ Jodkaliumlösung titriert, der Umschlag erfolgt, durch den Bleigehalt verursacht, in Grün nicht in Blau. Die verbrauchten ccm $\frac{n}{10}$ Jodlösung werden durch Multiplikation mit 0,024832 auf Thiosulfat umgerechnet.	2	Probe-Tonungen: Normal. 50 $\square$cm = 20,0—21,5 $\frac{n}{10}$ Jodlösung = 0,99—1,07 $^0/_0$ $Na_2S_2O_3+5H_2O$.

Chartae exploratoriae neutrales.

(Neutrale Reagenspapiere.)

Untersuchungsmethode: Dieselbe wie bei Chartae exploratoriae, nur wird gleichzeitig auf die Empfindlichkeit gegen Säuren und Alkalien geprüft.

Untersuchungsresultate:

Charta exploratoria	Anzahl der untersuchten Fabrikationen	Empfindlichkeit gegen NH_3	Empfindlichkeit gegen SO_3
Lackmuspapier, neutral			
auf Filtrierpapier, in Bogen	4	1:80000—1:100000	1:100000
„ Postpapier, einseitig, in Bogen	3	1:80000—1:100000	1:100000
„ „ zweiseitig „ „	3	1:80000—1:100000	1:80000—1:100000

Duplitest
Wortmarke und D. R.-P. Nr. 123 666.

Lackmuspapier, rot und blau nebeneinander			
auf Postpapier, einseit., in Bandform	2	1:30000—1:40000	1:40000—1:50000
„ „ „ „ Bogen	1	1:20000—1:40000	1:30000—1:40000

Duplitest ist ein Ersatz des neutralen Lackmuspapieres — auf Alkalien und Säuren reagierend —; die Empfindlichkeit ist naturgemäss keine so grosse, wie die des amphoteren einfachen Lackmuspapieres.

Charta sinapisata.

(Senfpapier.)

Untersuchungsmethode: siehe Helfenberger Annalen 1897, S. 367 und 368, die Senfölbestimmung nach der modifizierten E. Dieterich'schen Methode wie unter Semen Sinapis angegeben, oder nach dem D. A. IV.

Untersuchungsresultate:

Charta sinapisata	Nr.	g Senf-mehl auf 100 ☐cm	$^0/_0$ Senföl auf Mehl berechnet, titriert	Berechnung nach dem D. A. IV. g Senföl auf 100 ☐cm (mindestens 0,011898 g)
Mit feinem Senf-mehl bereitet	1	2,75	0,43	0,014870
„	2	2,40	0,68	0,016360
„	3	2,30	0,71 / 0,73 (gewogen)	0,016300 / 0,016900 (gewogen)
„	4	2,52	0,98	0,024780
„	5	2,77	1,00	0,027762
„	6	3,01	0,69	0,020822
„	7	2,15	0,88 / 0,91 (gewogen)	0,019080 / 0,019700 (gewogen)
„	8	2,15	0,87 / 0,90 (gewogen)	0,018840 / 0,019450 (gewogen)
„	9	2,70	0,77	0,020820
„	10	2,144 auf 99,63 ☐cm	0,92	0,019830
„	11	2,20	0,88	0,019340
„	12	2,30	0,95	0,021810
„	13	2,05	0,97	0,020820
Mit grobem Senf-mehl bereitet	1	3,20	0,96	0,030730
„	2	2,85	0,90 / 0,92 (gewogen)	0,025770 / 0,026670
„	3	2,30	0,79 / 0,81 (gewogen)	0,018090 / 0,018720 (gewogen)
„	4	2,70	0,78 / 0,81 (gewogen)	0,021070 / 0,021800 (gewogen)
„	5	2,50	0,77 / 0,79 (gewogen)	0,019400 / 0,020000 (gewogen)
„	6	3,11	0,84	0,026250
„	7	2,87	0,69	0,019830

Beanstandet wurden:

Charta sinapisata	Nr.	g Senfmehl auf 100 □cm	% Senföl auf Mehl berechnet, titriert	Berechnung nach dem D. A. IV. g Senföl auf 100 □cm (mindestens 0,011898 g)
Mit feinem Senfmehl bereitet	1	2,50	0,337	0,00840
„	2	2,30	0,344	0,00790
Mit grobem Senfmehl bereitet	1	2,70	0,329	0,00890
„	2	1,55	{ 0,77 { 0,79 (gewogen)	{ 0,011890 { 0,012280 (gewogen)
„	3	2,80	0,336	0,009419
„	4	2,90	0,342	0,009915
„	5	2,95	0,352	0,010400
„	6	2,70	0,367	0,009915

Bei den als beanstandet gekennzeichneten Proben Senfpapier handelt es sich meistens um zurückgekommene Waren, die durch längeres und unsachgemässes Lagern unbrauchbar geworden waren. Öfters bekamen wir im verflossenen Jahre Reklamationen wegen Senfpapier, welches unwirksam sein sollte, trotzdem die Analyse das Gegenteil ergab. Wir können uns diese Angelegenheit nur so erklären, dass die Konsumenten das Senfblatt nicht genügend mit lauwarmem Wasser befeuchten. Wenigstens haben wir uns selbst durch den praktischen Versuch überzeugt, dass ein der quantitativen Analyse nach sogar sehr gutes und hochprozentiges Senfpapier, wenn es nicht genügend durchfeuchtet wurde, an dem warmen menschlichen Körper sehr bald trocken wurde und abfiel, noch ehe es die verlangte Wirkung ausgeübt hatte.

Im Berichtsjahre hatten wir Gelegenheit, in den Besitz von echtem französischen Senfpapier, Papier Rigollot, zu kommen und dasselbe zu analysieren.

Nachstehend die erhaltenen Werte:

94,4 □cm ergaben 1,95—2,15 g feines Senfmehl mit
0,029750—0,034206 g oder
1,525—1,591 % ätherischem Senföl.

Eigone.

Jod- und Bromeigone.

(Jod- und bromwasserstoffsaure Eiweisskörper.)

Untersuchungsmethode: nach K. Dieterich, siehe Helfenberger Annalen 1900, S. 253 und 254, Jod- und Bromgehalt siehe Helfenberger Annalen 1901, S. 163 u. 164.

Untersuchungsresultate:

Von den vom Herausgeber dieser Annalen in den Arzneischatz eingeführten Jod-Eigonen kamen nur Durchschnittsmuster zur Untersuchung.

Die erhaltenen Resultate waren folgende:

Jod-Eigon, Albumen jodatum ca. 20 % J.

  3,34 % Feuchtigkeit

  4,73 % Asche

  19,80 % Jod.

Jod-Eigon-Natrium, Natrium jodoalbuminatum ca. 15 % J.

  4,34 % Feuchtigkeit

  25,51 % Asche

  16,43 % Jod.

Pepto-Jod-Eigon, Peptonum jodatum ca. 15 % J.

  1,80 % Feuchtigkeit

  3,79 % Asche

  14,18 % Jod.

Brom-Eigon, Albumen bromatum ca. 10 % Br.

  4,30 % Feuchtigkeit

  5,56 % Asche

  9,91 % Brom.

Pepto-Brom-Eigon, Peptonum bromatum ca. 11 % Br.

  3,48 % Feuchtigkeit

  3,89 % Asche

  10,54 % Brom.

Emplastra.

(Pflaster.)

Untersuchungsmethode: siehe Helfenberger Annalen 1897,
S. 368. Die betreffenden Pflaster müssen ferner auch
den Anforderungen des D. A IV. und des Ergänzungsbuchs zum Deutschen Arzneibuch II. resp. III. Ausg.
entsprechen.

Untersuchungsresultate:

Wir untersuchten im Laufe des Jahres eine grössere Anzahl Pflaster in massa und in bacillis, teilen aber hier nur
die Durchschnittswerte mit.

Emplastrum	$^0/_0$ Verlust bei 100° C.
adhaesivum mite in bacillis	3,05
Cerussae D. A. IV.	2,95
Lithargyri simplex D. A. IV. in massa	3,10
„ „ „ „ bacillis	4,50
„ compositum D. A. IV. „ massa	3,25
„ „ „ „ bacillis	4,75
saponatum album D. A. IV. „ „	6,15

Ueber Hamburger Heftpflaster.

Durch einen Geschäftsfreund wurde uns indirekt ein von einer städtischen Polizeibehörde stammendes Pflaster obigen Namens zur Untersuchung übergeben.

Die betreffende Polizeibehörde war der Ansicht, dass unter dem im Handel freigegebenen Heftpflaster lediglich das offizinelle nach Vorschrift des Arzneibuchs hergestellte zu verstehen sei und dass Drogisten, die aus anderen Stoffen bereitetes Heftpflaster feilhalten, sich strafbar machen.

Die Anklage sollte in dem konkreten Falle erhoben werden, wenn z. B. Camphora oder Pix als Bestandteil des Pflasters nachgewiesen würde. Der Zusatz „Hamburger" zum Namen Heftpflaster wurde von der betreffenden Behörde als unwesentlich die Rechtslage nicht verändernd betrachtet.

Wunschgemäss untersuchten wir das Pflaster und teilen über die Untersuchung folgendes mit:

Die unter dem Namen „Hamburger Heftpflaster" zur Untersuchung eingesandte Pflasterprobe wog 4,3 g, war von schmieriger Beschaffenheit und grauschwarzer Farbe.

Blei. Der Nachweis dieses Metalls wurde sowohl durch Zerstörung des Pflasters mittels Chlor, als auch im Glührückstand deutlich geführt.

Campher. Die beim Kochen des Pflasters mit Wasser entweichenden Dämpfe rochen sehr deutlich nach Campher. Denselben noch auf andere Weise nachzuweisen, war wegen der zur Verfügung stehenden äusserst geringen Pflastermenge nicht möglich.

Salicylsäure. Dieselbe konnte nicht nachgewiesen werden.

Wachs. Dasselbe konnte ebenfalls nicht nachgewiesen werden.

Holzteer. Der Geruch des Pflasters erinnerte schwach an den des Holzteers; die wässerige Auskochung des Pflasters reagierte schwach sauer. Das Pflaster mit 90%igem

Alkohol ausgezogen, gab einen gelbgefärbten Auszug, der beim Abdampfen deutlich nach Teer roch. Der Abdampfrückstand war rotbraun, von schmieriger Beschaffenheit und wurde mit Wasser ausgekocht. Mit der wässerigen Auskochung, die schwach sauer reagierte und blassgelbe Färbung besass, wurden folgende in der Literatur für Aqua Picis angegebene Reaktionen angestellt und positiv erhalten. Verdünnte Eisenchloridlösung färbte die Flüssigkeit grünlich, beim gelinden Erwärmen braun. Natronlauge färbte sie zuerst schwachgelb, beim Erwärmen braungelb. Merkurichlorid bewirkte kalt keine Veränderung, beim Erwärmen Gelbfärbung.

Harz. Mit dem bei der Prüfung auf Teer verbliebenen alkoholischen Rückstand wurde durch Lösen desselben in Essigsäureanhydrid und Versetzen mit einem Tropfen konzentrierter Schwefelsäure die Storch-Morawski'sche Reaktion angestellt. Die Reaktion trat mit voller Schärfe ein. Da Teer für sich allein auch diese genannte Reaktion auf Harz gibt, kann daraus nicht mit voller Sicherheit auf das Vorhandensein von harzigen Beimengungen geschlossen werden.

Das fragliche Pflaster dürfte als ein schlecht bereitetes Emplastrum fuscum mit Teerzusatz anzusprechen sein.

Extracta.

Extracta fluida.

(Fluidextrakte.)

Untersuchungsmethode: siehe Helfenberger Annalen 1897, S. 368, 369, 370 und nach dem D. A. IV.

Untersuchungsresultate:

Extractum — fluidum	Nr.	Spez. Gew. bei 15° C.	% Trockenrückstand b. 100° C.	% Asche	Besondere Bestimmungen	Kapillar-Analyse nach Kunz-Krause
Cascarae Sagradae	1	1,0710	22,68	1,08	—	normal
„ examaratum „	1	1,0476	22,98	1,26	—	„
Condurango D.A.IV.	1	1,0365	18,77	0,93	E. s. d. A. d. D. A. IV.	„
„ „	2	1,0458	17,31	1,42	„	„
„ „	3	1,0194	15,02	0,88	„	„
Hydrastis D. A. IV.	1	1,0030	17,12	0,69	3,20 % Hydrastin E. s. d. A. d. D. A. IV.	„
„ „	2	—	—	—	2,03—2,06—2,07 % Hydrastin E. s. d. A. d. D. A. IV.	„
„ „	3*	—	—	—	1,95—1,96—2,04 % Hydrastin E. s. d. A. d. D. A. IV.	„
„ „	4	0,9906	17,66	0,62	2,028% Hydrastin E. s. d. A. d. D. A. IV.	„
Secalis cornuti D.A. IV.	1	1,0470	12,43	2,17	E. s. d. A. d. D. A. IV.	„
„ „ „	2	1,0738	17,16	2,30	„	„

Die mit * bezeichneten Extrakte sind zu beanstanden.

Extracta solida.

(Dauerextrakte.)

Untersuchungsmethode: Bestimmung:

  a) des Wassergehaltes ⎫
  b) „ Aschegehaltes ⎬ nach bekannten Methoden,
  c) der Löslichkeit in Wasser im Verhältnis $1+99$,
  d) „ Identität durch Geschmacksprüfung der Lsg. $1+99$.

Untersuchungsresultate:

Auch hier untersuchten wir im Laufe des Jahres viele Fabrikationen, teilen aber nur die Durchschnittswerte mehrerer Fabrikationen mit:

Extractum — solidum	% Feuchtigkeit	% Asche	Identitäts- resp. Geschmacksprüfung, Löslichkeit in Wasser
Chinae	5,80	1,40	normal, trübe, auf Zus. v. HCl klar
Colombo	3,88	3,04	„ klar
Digitalis	5,05	4,60	„ „
Ipecacuanhae	3,70	0,70	„ „
Rhei	3,80	2,40	„ „
Secalis cornuti	6,50	2,25	„ „
Senegae	5,20	1,75	„ „
Sennae	3,45	4,80	„ „
Uvae Ursi	4,75	2,90	„ „

Da wir öfters die schwere Löslichkeit des Milchzuckers, mit welchem die Extracta solida zur Trockne gebracht werden, beobachten konnten, wendeten wir, wie unter Saccharum Lactis bemerkt, den Lösungsverhältnissen desselben unsere besondere Aufmerksamkeit zu.

Extracta spissa et sicca.

(Dicke und trockene Extrakte.)

Untersuchungsmethode: siehe Helfenberger Annalen 1897, S. 371—374 und nach dem D. A. IV. (Bei Extr. Opii verfahren wir nach E. Dieterich, titrieren jedoch das gewichtsanalytisch gewonnene Morphin nach dem D. A. IV. in einem zweiten Versuch.)

Untersuchungsresultate:

Extractum	Nr.	$\%$ Feuchtigkeit	$\%$ Asche	Besondere Bestimmungen
Absinthii aquosum spissum	1	35,75	13,89	—
Aurantii corticis Ph. G. I.	1	25,77	3,60	Löslichkeit E.s.d.A.d. normal.　　Ph. G. I.
„　　　　„　　　　„	2	16,63	4,34	„　　　　　　　　„
„　　　　„　　　　„	3	23,32	3,81	„　　　　　　　　„
„　　　　„　　　　„	4	23,48	3,69	„　　　　　　　　„
Belladonnae siccum D. A. IV.	1	—	—	0,693 $\%$ Alkaloid nach Thoms.
„　　　　spissum D. A. IV.	1*	16,03	26,62	1,497 $\%$ Alkaloid n. d. D. A. IV.
„　　　　„　　　　„	2	25,09	20,72	1,58 $\%$ Alkaloid n. d. D. A. IV.
„　　　　„　　　　„	3	—	—	1,68 $\%$ Alkaloid n. d. D. A. IV.
				2,09 $\%$ Alkaloid n. d. Ph. Aust. VIII.
				1,213 $\%$ Alkaloid nach Thoms.
„　　　　„　　　　„	4*	—	—	1,46 $\%$ Alkaloid n. d. D. A. IV.
				1,068 $\%$ Alkaloid n. d. Ph. Aust. VIII.
				1,012 $\%$ Alkaloid nach Thoms.
„　　　　„　e radice	1	—	—	1,870 $\%$ Alkaloid n. d. D. A. IV.
				1,500 $\%$ Alkaloid n. d. Ph. Aust. VIII.
				1,647 $\%$ Alkaloid nach Thoms.

Die mit * bezeichneten Extrakte sind zu beanstanden.

Extractum	Nr.	% Feuchtigkeit	% Asche	Besondere Bestimmungen
Belladonnae spissum e radice	2	—	—	2,36 % Alkaloid n. d. D. A. IV.
				1,69 % Alkaloid n. d. Ph. Aust. VIII.
				1,91 % Alkaloid nach Thoms.
„　　　　„　Ph. Aust. VII.	1	14,73	14,52	2,99 % Alkaloid n. d. D. A. IV.
„　　　　„　　„	2	16,26	16,75	2,43 % Alkaloid n. d. D. A. IV.
„　　　　„　　„	3	19,04	16,14	2,60 % Alkaloid n. d. D. A. IV.
„　　　　„　　„	4	21,21	14,76	2,61 % Alkaloid n. d. D. A. IV.
„　　　　„　　„	5	—	—	2,30 % Alkaloid n. d. Ph. Aust. VIII.
„　　　　„　　„	6	—	—	2,70 % Alkaloid n. d. D. A. IV.
				2,18 % Alkaloid n. d. Ph. Aust. VIII.
„　　　　„　Ph. Aust. VIII.	1*	—	—	1,53 % Alkaloid n. d. D. A. IV.
				1,10 % Alkaloid n. d. Ph. Aust. VIII.
„　　　　„　　„	2*	—	—	2,10 % Alkaloid n. d. D. A. IV.
				1,29 % Alkaloid n. d. Ph. Aust. VIII.
				1,30 % Alkaloid nach Thoms.
„　　　　„　　„	3*	—	—	1,77 % Alkaloid n. d. D. A. IV.
				0,97 % Alkaloid n. d. Ph. Aust. VIII.
„　　　　„　　„	4*	—	—	1,85 % Alkaloid n. d. Ph. Aust. VIII.
„　　　　„　　„	5*	—	—	1,912 % Alkaloid n. d. Ph. Aust. VIII.
„　spirituosum spissum Ph. Finl.	1	19,95	25,03	1,73 % Alkaloid n. d. D. A. IV.
Chinae aquosum D. A. IV.	1	28,63	7,99	7,88 % Alkaloid E. d. A. d. D. A. IV.
Cubebarum aethereum D. A. IV.	1	55,91	0,87	sehr dünn, reichlicher Bodensatz.

Die mit * bezeichneten Extrakte sind zu beanstanden.

Extractum	Nr.	% Feuchtigkeit	% Asche	Besondere Bestimmungen
Curcumae spirituosum spissum.	1	32,17	0,97	Löslichkeit normal.
Dulcamarae siccum Ph. Aust. VIII.	1	1,80	9,40	E. d. A. d. Ph. Aust. VIII.
Filicis D. A. IV.	1	5,06	0,46	E. s. d. A. d. $23,22\%$ D. A. IV. Rohfilicin.
„ „	2	7,51	0,26	„ --
Gentianae D. A. IV.	1	18,64	3,29	E. s. d. A. d. D. A. IV.
Hyoscyami siccum Ph. Aust. VIII.	1	---	—	$0,115\%$ Alkaloid nach Thoms.
„ spissum D. A. IV.	1	21,88	23,35	$0,778\%$ Alkaloid n. d. D. A. IV.
„ „ „	2	19,86	23,72	$0,82\%$ Alkaloid n. d. D. A. IV.
„ „ „	3	19,40	22,33	$0,91\%$ Alkaloid n. d. D. A. IV. $0,246\%$ Alkaloid n. d. Ph. Aust. VIII. $0,317\%$ Alkaloid nach Thoms.
„ „ „	4	—	—	$1,11\%$ Alkaloid n. d. D. A. IV. $0,344\%$ Alkaloid n. d. Ph. Aust. VIII. $0,347\%$ Alkaloid nach Thoms.
„ „ Ph. Aust. VII.	1	17,51	10,91	$1,04 - 1,08\%$ Alkaloid n. d. D. A. IV.
„ „ Ph. Aust. VIII.	1	25,57	16,08	$0,304\%$ Alkaloid n. d. Ph. Aust. VIII. $0,289\%$ Alkaloid nach Thoms.
„ „ „	2	12,12	13,20	$0,448\%$ Alkaloid n. d. Ph. Aust. VIII. $0,549\%$ Alkaloid nach Thoms.
„ „ „	3	—	20,64	$0,41\%$ Alkaloid n. d. Ph. Aust. VIII. $0,346\%$ Alkaloid nach Thoms.

Extractum	Nr.	% Feuchtigkeit	% Asche	Besondere Bestimmungen
Hyoscyami spissum Ph. Aust. VIII.	4*	—	—	0,39% Alkaloid n. d. D. A. IV. 0,19% Alkaloid n. d. Ph. Aust. VIII. 0,17% Alkaloid nach Thoms.
„ „ „	5*	—	—	0,93% Alkaloid n. d. D. A. IV. 0,216—0,280% Alkaloid n. d. Ph. Aust. VIII. 0,289% Alkaloid nach Thoms.
„ „ „	6*	—	—	0,89% Alkaloid n. d. D. A. IV. 0,272—0,288% Alkaloid n. d. Ph. Aust. VIII.
„ „ „	7	—	—	0,304% Alkaloid n. d. Ph. Aust. VIII.
„ „ „	8	—	—	0,288—0,308% Alkaloid n. d. Ph. Aust. VIII.
„ „ „	9	—	—	0,212% Alkaloid n. d. Ph. Aust. VIII.
Liquiritiae radicis aquosum	1	31,72	6,15	25,60% Glycyrrhizin.
Malti purum, dunkel	1	26,17	1,23	50,4% Maltose.
„ „ hell	1	26,18	0,97	53,10% „
„ „ „	2	24,98	0,96—1,02	49,00% „
„ „ „	3	22,31	1,03	53,94% „
„ „ „	4	20,78	1,00	50,36% „
„ „ „	5	20,30	1,12	54,90% „
„ „ „	6	24,16	1,13	51,24% „
„ „ „	7	25,23	1,15	54,80% „
„ „ „	8	20,43	1,07	52,96% „
Rhei alcalinum	1	8,21	21,20	Löslichkeit normal.
„ „	2	8,00	22,70	„
„ „	3	7,54	23,80	„
„ „	4	8,30	24,40	„
„ „	5	8,10	21,60	„
„ D. A. IV.	1	4,69	6,63	E. s. d. A. d. D. A. IV.

Die mit * bezeichneten Extrakte sind zu beanstanden.

Extractum	Nr.	% Feuchtigkeit	% Asche	Besondere Bestimmungen
Rosarum	1	26,78	7,78	Löslichkeit normal.
Scillae spirituosum	1	22,75	1,43	—
„ Ph. Aust. VIII.	1	18,17	1,21	—
Secalis cornuti D. A. IV.	1	24,55	10,38	E. d. A. d. D. A. IV.
„ „ „	2	14,97	10,18	„
Strychni D. A. IV.	1	—	1,56	$17,76\,\%$ Alkaloid n. d. D. A. IV. E. s. d. A. d. D. A. IV.
„ spissum Ph. Aust. VII.	1	22,54	1,10	$20,16\,\%$ Alkaloid n. d. D. A. IV.
„ „ „	2	21,44	1,24	$20,00\,\%$ Alkaloid n. d. D. A. IV.
„ „ „	3	21,45	1,16	$18,87\,\%$ Alkaloid n. d D. A. IV.
„ „ Ph. Aust. VIII.	1*	28,58	1,45	$15,52\,\%$ Alkaloid n. d. Ph. Aust. VIII. $17,47\,\%$ Alkaloid nach Thoms.
Tamarindorum ad Decoctum	1	23,06	3,97	$20,63\,\%$ Weinsäure.
„ compositum	1	23,12	2,34	$2,50\,\%$ „
„ „	2*	13,66	2,57	$2,40\,\%$ „
„ „	3	24,68	2,88	$2,63\,\%$ „
„ „	4	22,23	2,58	$2,40\,\%$ „
„ „	5	24,88	2,27	$3,00\,\%$ „
„ partim saturatum	1	27,74	11,62	$8,62\,\%$ „
Valerianae aquosum	1	32,18	14,08	—

Die mit * bezeichneten Extrakte sind zu beanstanden.

Über Alkaloidbestimmungen nach der Pharmacopoea Austriaca VIII.

Die Einführung des neuen Arzneibuches für Österreich, der Pharmacopoea Austriaca ed. VIII, veranlasste uns, der Bereitung und Prüfung von Extractum Belladonnae und Extractum Hyoscyami näher zu treten. Während das Deutsche Arzneibuch diese Extrakte aus frischen Kräutern bereiten und den Alkaloidgehalt titrimetrisch ermitteln lässt, schreibt die Ph. Aust. VIII die Bereitung aus getrockneten Kräutern vor und bringt für die Bestimmung der Alkaloide eine gravimetrische Methode in Anwendung, deren Fassung folgende ist:

„7,5 g des zu prüfenden Extraktes werden in 10 ccm Wasser in einer Reibeschale gelöst, diese Lösung in einen Masskolben für 150 ccm quantitativ gebracht und die Reibeschale mit 5 ccm Wasser nachgespült. Hierauf fügt man unter beständigem Schütteln in kleinen Portionen 95 %igen Weingeist bis zur Marke hinzu, lässt den Niederschlag absetzen und filtriert alsdann. Von dem Filtrate vermengt man 100 ccm = 5 g Extrakt mit 25 ccm Wasser und verjagt unter beständigem Rühren den Weingeist auf dem Wasserbade. Den Rückstand bringt man in einen Scheidetrichter, fügt 5 ccm Sodalösung (1 : 4) hinzu und schüttelt nacheinander mit 20, 10 und 5 ccm Chloroform aus. Die vereinigten Chloroformauszüge schüttelt man nacheinander mit 20, 10 und 5 ccm mit einigen Tropfen Salzsäure angesäuertem Wasser aus. Die vereinigten wässerigen Auszüge schüttelt man, nachdem sie mit Sodalösung (1 : 4) alkalisch gemacht wurden, dreimal mit je 10 ccm Chloroform aus. Die Chloroformlösung fängt man in einem gewogenen Wägegläschen auf und lässt das Chloroform bei gewöhnlicher Temperatur abdunsten. Der fast weisse Rückstand wird bei 100° C. getrocknet und gewogen.“

Die so erhaltenen Rückstände sollen wiegen:

0,1 g entsprechend 2 % bei Extractum Belladonnae.

0,015 g entsprechend 0,3 % bei Extractum Hyoscyami.

Nach dieser Methode haben wir eine Anzahl Belladonna- und Hyoscyamus-Extrakte verschiedener Provenienz untersucht, jedoch in den seltensten Fällen den vorgeschriebenen Alkaloidgehalt gefunden, während dieselben Extrakte, nach Vorschrift des Deutschen Arzneibuches untersucht, den vorgeschriebenen Gehalt von 2 % bezw. 0,3 % aufwiesen. Hierbei muss bemerkt werden, dass die Methode der Ph. Aust. VIII. das Alkaloid in ziemlich reiner Form abscheidet, somit rationeller arbeitet, während der D. A. IV.-Methode gewisse Fehler anhaften, insofern als andere Basen ausser den Alkaloiden mitbestimmt werden. Dieser Umstand bewog uns, noch eine dritte Methode heranzuziehen, die Thoms bereits anwandte[1]) und über deren Anwendung für unsere Zwecke wir eingehend in den vorjährigen Annalen berichtet haben. Nach diesem Verfahren werden die Alkaloide mit Kalium-wismutjodidlösung — Kraut[2]) — gefällt. Der Alkaloidniederschlag wird durch Alkali zersetzt, darauf mit Äther ausgeschüttelt und die im Äther gelösten Alkaloide direkt mit $\frac{n}{100}$ HCl titriert. Die nach dieser Methode gewonnenen Resultate kommen denen, nach der Ph. Aust. VIII ermittelten bis auf geringe Abweichungen sehr nahe. Die gefundenen Werte finden sich in nachstehender Tabelle vereinigt.

Extractum:	% D. A. IV.-Methode	Alkaloid nach der Pharm. Aust. VIII.-Methode bestimmt	Kaliumwismut-jodid-Methode
Belladonnae D. A. IV.	1,68	—	1,21
,, ,,	1,46	1,06	1,01
Belladonnae rad.	1,87	1,50	1,64
,, ,,	2,36	1,69	1,91
Belladonnae Ph. Aust. VIII.	—	1,91	1,89
,, ,,	—	1,85	—
,, ,,	1,53	1,10	1,12
,, ,,	2,10	1,29	1,31
Hyoscyami D. A. IV.	1,11	0,30	0,34
,, ,,	0,91	0,24	0,31
Hyoscyami Ph. Aust. VIII.	0,93	0,21	0,28
,, ,,	—	0,28	0,30
,, ,,	—	0,21	—
,, ,,	—	0,34	0,30
,, ,,	0,39	0,17	0,19
,, ,,	—	0,44	0,54

[1]) Arbeiten a. d. Pharm. Inst. d. Universität Berlin, Bd. I., S. 131.
[2]) Arch. d. Ph. 1897, S. 152.

Zur Bestimmung der Alkaloide
im Extractum Belladonnae und Hyoscyami siccum.

Bezugnehmend auf unsere Arbeit in den vorjährigen Annalen, S. 183—185, die Bestimmung der Alkaloide im Extractum Belladonnae und Hyoscyami spissum durch Ausfällen mit Kaliumwismutjodid betreffend, haben wir im Berichtsjahre versucht, diese Methode auch bei Extractum Belladonnae und Hyoscyami siccum in Anwendung zu bringen. Bekanntlich lässt sich das Verfahren des D. A. IV. in diesem Falle nicht anwenden und auch das von uns früher geübte Äther-Kalkverfahren muss hierbei unberücksichtigt bleiben. Um die Kaliumwismutjodid-Methode zu verwenden, verfuhren wir folgendermassen:

„4 g des trockenen Extraktes werden mit 50 ccm 90 %igem Weingeist übergossen und unter wiederholtem, kräftigem Umschütteln 3 Stunden stehen gelassen. Alsdann wird filtriert und von dem Filtrate 25 ccm $= 2$ g Extrakt auf dem Wasserbade bis zum Verdunsten des Weingeistes erhitzt. Der Rückstand wird mit 50 ccm Wasser aufgenommen, mit 10 ccm 10 %iger Schwefelsäure und 5 ccm Kaliumwismutjodid versetzt.[1] Der entstehende Niederschlag wird auf einem trockenen Filter gesammelt und zweimal mit 5 ccm 10 %iger Schwefelsäure nachgewaschen; Filter und Niederschlag werden alsdann in einen Schüttelzylinder gegeben und darin mit einer Mischung von 20 ccm 15 %iger Natronlauge und 10 g grob gepulvertem, krystallisiertem Natriumkarbonat zersetzt.[2] Hierauf werden 50 ccm Äther hinzugegeben und das Ganze unter wiederholtem Schütteln 3 Stunden stehen gelassen. Alsdann werden in eine Schüttelflasche ca. 100 ccm Wasser, 20 ccm Äther und 5 Tropfen Jodeosin gegeben. Nachdem die hierbei auftretende Rosafärbung, bedingt durch die Alkalität des Glases, durch Hinzufügen einiger Tropfen[3] $\frac{n}{100}$ Salzsäure beseitigt wurde, werden 25 ccm der äthe-

---

[1] Berichte d. D. Ph. G., 1905, III. S. 87.
[2] Berichte d. D. Ph. G., 1905, III, S. 90.
[3] Merck, Jahresberichte 1901.

rischen Alkaloidlösung $= 1$ g Extractum siccum hinzugefügt, welche sofort wieder Rotfärbung hervorrufen. Man titriert nun mit $\dfrac{n}{100}$ Salzsäure bis zum Verschwinden derselben. Die Anzahl der verbrauchten Kubikzentimeter $\dfrac{n}{100}$ Säure mit 0,289 multipliziert, gibt den Prozentgehalt an Alkaloid an.“

Die Werte, welche nach dieser Methode gefunden wurden, sind folgende:

Extr. Belladonnae siccum
0,375, 0,404, 0,433, 0,491 % Atropin,
Grenzwerte 0,3—0,5 %.

Extr. Hyoscyami siccum
0,115, 0,173, 0,200, 0,187 % Hyoscyamin,
Grenzwerte 0,12—0,20 %.

Vergleicht man diese Werte mit denen vom D. A. IV. für die dicken Extrakte vorgeschriebenen und nach der Methode des D. A. IV. in diesen ermittelten, so erscheinen dieselben allerdings viel zu niedrig.

Zieht man aber in Betracht, dass die Kaliumwismutjodid-Methode, welche nur das reine Alkaloid (Atropin, Hyoscyamin) bestimmt und nicht, wie das D. A. IV., alle anderen alkalisch reagierenden und in die Ausschüttelungsflüssigkeit übergehenden Körper mitbestimmt, stets niedrigere Werte liefert,[1] so kann man diese Methode in der von uns weiter oben angegebenen Fassung sehr wohl zur Untersuchung der trockenen narkotischen Extrakte verwenden. An der Darstellungsweise der Extrakte scheint es zu liegen, dass die Unterschiede im Alkaloidgehalt nach der Methode des D. A. IV. einerseits und der Kaliumwismutjodid-Methode andererseits nicht stets die gleichen sind. Dieselben sind stets höher, sobald es sich um ein mit Weingeist bereitetes Extrakt, niedriger dagegen, wenn es sich um ein mit Wasser bereitetes Extrakt handelt.

Gerade der noch nicht völlig aufgeklärten Ursache dieser grossen Differenzen werden wir im kommenden Jahre unsere besondere Aufmerksamkeit zuwenden.

---

[1] Siehe vorstehende Arbeit: Über Alkaloidbestimmungen nach der Pharmacopoea Austriaca VIII. und H. A. 1904, S. 183—185.

Ferrum, Ferro-Manganum et Manganum.

(Eisen-, Eisenmangan- und Manganpräparate.)

Untersuchungsmethode: siehe Helfenberger Annalen 1897, S. 375—377 und nach dem D. A. IV.

Untersuchungsresultate:

	Nr.	$\%$ Glührückstand	$\%$ Fe	$\%$ Mn	Spez. Gew. bei 15^0 C.	$\%$ Trockenrückstand bei 100^0 C.	Löslichkeit
Ferrum albuminatum oxydatum solubile ca. 20% Fe	1	29,10	20,40	—	—	—	Normal.
„	2	26,88	19,91	—	—	—	„
„	3*	27,25	19,04	—	—	—	„
„	4	29,52	20,00	—	....	—	„
Ferrum albuminatum oxydatum cum Natrio citrico ca. 15% Fe	1	34,60	17,72	—	—	—	„
„	2	34,85	17,85	—	—	—	„
Ferrum carbonicum oxydulatum saccharat. D. A. IV.	1	18,80	12,60	—	—	—	Etwas trübe löslich.
Ferrum dextrinatum oxydatum ca. 10% Fe	1	19,77	12,00	—	.--	—	Normal.
„	2	17,92	12,53	—	—	—	„
Ferrum peptonatum siccum ca. 25% Fe	1	34,69	24,29	—	—	—	„
„	2*	34,16	23,91	—	—	—	„
Ferrum saccharatum oxydatum D. A. IV.	1	4,49	3,15	—	—	—	„
Ferrum saccharatum oxydatum ca. 10% Fe	1	15,75	11,03	—	—	—	„
„	2	14,73	10,31	—	—	—	„
„	3	15,80	10,78	—	—	—	„
„	4	15,19	10,90	—	—	—	„
„	5	15,71	10,91	—	—	—	„

Die mit * bezeichneten Fabrikationen wurden beanstandet.

	Nr.	% Glüh-rück-stand	% Fe	% Mn	Spez. Gew. bei 15⁰ C.	% Tro-cken-rück-stand bei 100⁰ C.	Löslichkeit
Ferro-Manganum peptonatum siccum ca. 15 % Fe und 2,5 % Mn	1	25,61	15,27	2,47	—	—	Normal.
„	2	24,79	15,02	2,46	—	—	„
„	3	24,90	15,12	2,66	—	—	„
„	4	24,69	15,22	2,63	—	—	„
„	5	25,00	15,06	2,51	—	—	„
Ferro-Manganum saccharatum ca. 10 % Fe und 1,6 % Mn	1*	24,69	15,88	2,33	—	—	„
„	2	—	11,29	1,57	—	—	„
„	3	19,00	10,16	1,67	—	—	„
Ferro-Manganum saccharatum liquidum ca. 5 % Fe und 0,8 % Mn	1	10,70	5,10	0,79	—	63,24	„
„	2	10,07	5,51	0,80	1,341	58,93	„
„	3	10,79	5,22	0,81	1,378	61,13	„
„	4	10,63	5,05	0,82	1,378	62,13	„
Manganum saccharatum oxydatum ca. 10 % Mn	1	16,14	—	11,48	—	—	„
„	2	15,10	—	10,88	—	—	„
„	3	15,09	—	9,74	—	—	„

Die mit * bezeichneten Fabrikationen wurden beanstandet.

Hydrargyrum extinctum.

(Quecksilber-Verreibung.)

Untersuchungsmethode: Wie bei Ungt. Hydrarg. cin., Helfenberger Annalen 1897, S. 390, und 1903, S. 292—293.

Untersuchungsresultate:

Nr.	$^0/_0$ Hg	Maximalzahl μ
1	84,06	6,75
2	83,86	8,10
3	84,14	6,75
4	84,50	5,40
5	84,47	5,40
6	84,31	8,10
7	84,59	5,40
8	84,43	6,75
9	84,15	8,10
10	84,57	5,40
11	84,31	5,40
12	84,10	6,75

Beanstandet wurden:

Nr.	$^0/_0$ Hg	Maximalzahl μ
1	85,86	6,75
2	80,98	5,40

Lanolimentum Hydrargyri cinereum $33^1/_3$ et $50^0/_0$.

(Graues Quecksilber-Lanoliment $33^1/_3$ u. $50^0/_0$.)

Untersuchungsmethode: Wie bei Unguentum Hydrargyri cin., siehe Helfenberger Annalen 1897, S. 390 und 1903, S. 292—293.

Untersuchungsresultate:

Im Berichtsjahre kam nur eine Fabrikation $50^0/_0$iges Quecksilberlanoliment zur Untersuchung. Dieselbe ergab $51{,}00\,^0/_0$ Hg und 6,75 als Maximalzahl μ bei der mikroskopischen Messung.

Linteum sinapisatum.

(Senfleinwand.)

Untersuchungsmethode: Wie bei Charta sinapisata, siehe Helfenberger Annalen 1897, S. 367.

Die Senfölbestimmung nach der modifizierten E. Dieterich'schen Methode oder nach dem D. A. IV

Untersuchungsresultate:

Im Jahre 1905 wurde nur eine Fabrikation von Senfleinwand mit feinem Senfmehl untersucht und folgende Werte ermittelt:

100 qcm Leinwand ergaben 2,90 g Senfmehl mit 0,0223 g oder $0{,}77\,^0/_0$ ätherischem Senföl.

Liquor Aluminii acetici.

(Aluminiumacetatlösung.)

Untersuchungsmethode: nach dem D. A. IV.

Untersuchungsresultate:

Nr.	Spez. Gew. bei 15° C.	% Al$_2$ O$_3$	Bemerkungen
1	1,0448	2.850	E. s. d. A. d. D. A. IV.
2	1,0440	2,896	„
3	1,0440	2,450	„
4	1,0450	2,460	E. d. A. d. D. A. IV. bis auf ziemlich starke Opaleszenz mit Weingeist.
5	1,0460	2,860	„

Beanstandet wurden:

Nr.	Spez. Gew. bei 15° C.	% Al$_2$ O$_3$	Bemerkungen
1	1,0470	3,00	Mit Weingeist sofort starke Opaleszenz. E. s. d. A. d. D. A. IV.
2	1,0461	2,61	Mit Weingeist sofort Trübung. E. s. d. A. d. D. A. IV.
3	—	2,57	Mit Weingeist sofort Trübung, d. A. d. D. A. IV. nicht entsprechend.

Liquores Ferri et Ferro-Mangani.
Eisen- und Eisenmanganflüssigkeiten.

Blutan.

Liquor Ferro-Mangani peptonati ohne Alkohol.

(Acid-Albumin-Eisenmanganpeptonat-Lösung.)

Untersuchungsmethode: Bestimmung des Trocken- und des Glührückstandes, eventuell des spez. Gewichtes, Eisens und Mangans nach bekannten Methoden; Nachweis und Bestimmung der Kohlensäure. Qualitativer Nachweis des Broms und Jods.

Untersuchungsresultate:

Von Blutan untersuchten wir im Berichtsjahre Durchschnittsproben sehr grosser Fabrikationen; die Resultate waren folgende:

	Nr.	$\%$ Trockenrückstand bei 100° C.	$\%$ Glührückstand	$\%$ Fe	$\%$ Mn	$\%$ CO_2
Blutan	1	13,84	1,00	0,66	0,11	1,008
,,	2	12,96	1,09	0,68	0,19	0,782
,,	3	—	—	—	—	0,657
,,	4	—	—	—	—	0,738
,,	5	—	—	—	—	0,813
,,	6	—	—	—	—	0,720
Brom-Blutan	1	15,18	1,19	0,67	0,15	0,776
Jod- ,,	1	15,52	1,17	0,73	0,12	0,423

Liquor Ferri albuminati D. A. IV.

(Eisenalbuminatlösung D. A. IV.)

Untersuchungsmethode: siehe Helfenberger Annalen 1897,
S. 380 und nach dem D. A. IV.

Untersuchungsresultate:

Nr.	Spez. Gew. bei 15° C.	$\%$ Trocken- rückstand bei 100° C.	$\%$ Glührückstand n. d. D. A. IV.	$\%$ Fe	Bemerkungen
1	0,9890	1,790	0,67	—	E. s. d. A. d. D. A. IV.
2	0,9888	1,940	0,69	—	„
3	0,9888	2,025	0,66	0,44	„

Liquor Ferri albuminati, klar, versüsst.

(Eisenalbuminatlösung, klar, versüsst.)

Untersuchungsmethode: siehe Helfenberger Annalen 1897,
S. 380.

Untersuchungsresultate:

Im Berichts-Zeitraum wurden 13 normale Fabrikationen
von klarer, versüsster Eisenalbuminatlösung geprüft.

Die Werte, welche hierbei gewonnen wurden, halten sich
in folgenden Grenzen:

Spez. Gew. bei 15° C. . . . . . 1,0365—1,0469
$\%$ Trockenrückstand bei 100° C. 14,22—16,35
$\%$ Glührückstand . . . . . . 0,66—0,81
$\%$ Eisen (Fe) . . . . 0,41—0,47
Äussere Beschaffenheit . . . . klar.
Geschmack . . . . normal.
Reaktion . . . . schwach alkalisch.

Ausserdem musste eine Fabrikation beanstandet werden,
deren Resultate hier verzeichnet sein mögen.

Nr.	Spez. Gew. bei 15° C.	$\%$ Trocken- rückstand b. 100° C.	$\%$ Glüh- rück- stand	$\%$ Fe	Bemerkungen
1	1,0420	12,85	0,66	0,40	Klar, schwach alkalisch, Geschmack normal.

Liquor Ferri dialysati 5 %.

(Dialysierte Eisenoxychloridlösung 5 %.)

Untersuchungsmethode: siehe Helfenberger Annalen 1897, S. 379 und 380 und nach dem D. A. IV.

Untersuchungsresultate:

Von 5%iger dialysierter Eisenoxychloridflüssigkeit wurden im Berichtsjahre 31 Fabrikationen untersucht. Die hierbei gewonnenen Werte bewegten sich in den nachstehend verzeichneten Grenzen:

Spez. Gew. bei 15° C.	1,0690—1,0829
% Salzsäure (HCl)	0,357—0,912
% Eisen (Fe)	4,94—6,07

Liquor Ferri oxydati dialysati 3,5 %.

(Dialysierte Eisenflüssigkeit 3,5 %.)

Untersuchungsmethode: nach den Vorschriften zur Selbstbereitung pharmazeutischer Spezialitäten, herausgeg. vom Deutschen Apotheker-Verein 1903, S. 54, und nach dem Ergänzungsbuch zum Deutschen Arzneibuch, III. Ausgabe, S. 218.

Untersuchungsresultate:

Der Liquor Ferri oxydati dialysati wurde stets auf seinen Gehalt von 3,5% Fe eingestellt unter Berücksichtigung unserer Veröffentlichung in den Helfenberger Annalen (1903, S. 258 bis 265). Neuerdings hat auch der Deutsche Apotheker-Verein im neuen Ergänzungsbuch zum Arzneibuch für das Deutsche Reich (3. Ausgabe) die Herstellungs- und Prüfungsvorschrift dieses Präparates unseren Angaben entsprechend berichtigt.

Liquor Ferri peptonati dulcis.

(Eisenpeptonatlösung, versüsst.)

Untersuchungsmethode: siehe Helfenberger Annalen 1897,
S. 381.

Untersuchungsresultate:

Nr.	Spez. Gew. bei 15° C.	% Trocken-rück-stand bei 100° C.	% Glüh-rück-stand	% Fe	Bemerkungen
1	1,0499	13,31	0,600	0,35	Klar, schwach sauer, Geschmack normal.
2	1,0479	14,46	1,020	0,43	„ „
3	1,0465	13,85	0,581	0,40	„ „

Beanstandet wurde:

Nr.	Spez. Gew. bei 15° C.	% Trocken-rück-stand bei 100° C.	% Glüh-rück-stand	% Fe	Bemerkungen
1	1,0451	12,21	0,57	0,395	Klar, schwach sauer, Geschmack normal.

Liquor Ferro-Mangani peptonati, unversüsst.

(Eisenmanganpeptonatlösung, unversüsst.)

Untersuchungsmethode: siehe Helfenberger Annalen 1897,
S. 381.

Untersuchungsresultate:

Nr.	Spez. Gew. bei 15° C.	% Trocken-rück-stand b. 100° C.	% Glüh-rück-stand	Bemerkungen
1	1,0160	5,40	1,02	Klar, schwach sauer, Geschmack normal.
2	1,0169	4,41	1,04	„ „
3	1,0165	5,43	1,04	„ „
4	1,0170	6,22	1,03	„ „

Liquor Ferro-Mangani peptonati dulcis.

(Eisenmanganpeptonatlösung, versüsst.)

Untersuchungsmethode: siehe Helfenberger Annalen 1897, S. 381.

Untersuchungsresultate:

Im Berichtsjahre wurden 54 grosse Fabrikationen versüsster Eisenmanganpeptonatlösung untersucht, von denen eine beanstandet wurde. Die Grenzwerte der 53 als normal befundenen waren folgende:

Spez. Gew. bei 15° C.	1,0498—1,0570
% Trockenrückstand bei 100° C.	13,06—18,04
% Glührückstand	0,96—1,14
% Eisen (Fe)	0,60
% Mangan (Mn)	0,10—0,11
Äussere Beschaffenheit	klar
Geschmack	normal
Reaktion	schwach sauer

Beanstandet wurde:

Nr.	Spez. Gew. bei 15° C.	% Trockenrückstand b. 100° C.	% Glührückstand	% Fe	% Mn	Bemerkungen
1	1,055	12,85	1,02	0,60	0,10	Klar, Reaktion schwach sauer, Geschmack normal.

Liquor Ferro-Mangani peptonati dulcis triplex.

(Dreifache versüsste Eisenmanganpeptonatlösung.)

Untersuchungsmethode: Genau wie Liquor Ferro-Mangani peptonati simplex. Die Verdünnung 10 Teile Liquor + 16 Teile Wasser + 4 Teile Spiritus von 90 % muss das spez. Gew. und die Eigenschaften des einfachen Liquors zeigen.

Untersuchungsresultate:

Von 40 im Laufe des Jahres 1905 untersuchten und als normal befundenen Fabrikationsproben „Liquor Ferro-Mangani peptonati dulcis triplex" lauten die Grenzwerte wie folgt:

Spez. Gew. bei 15° C.	1,2340—1,2460
„ „ „ (der Verdünnung)	1,0479—1,0618
% Trockenrückstand bei 100° C. . . .	38,63—46,34
% Glührückstand	2,87—3,27
% Eisen (Fe)	1,79—1,82
% Mangan (Mn)	0,30—0,31
Äussere Beschaffenheit der Verdünnung	klar
Geschmack „ „	normal
Reaktion „ „	schwach sauer

Ausserdem wurde eine Fabrikation beanstandet mit folgenden Werten:

Nr.	Spez. Gew. bei 15° C.	Spez. Gew. bei 15° C. (Verdünnung)	% Trockenrückstand b. 100° C.	% Glührückstand	Bemerkungen
1	1,2413	1,0492	35,95	3,01	Die Verdünnung war klar, von schwach saurer Reaktion und normalem Geschmack.

Liquor-Ferro-Mangani saccharati.

(Eisenmangansaccharatlösung.)

Untersuchungsmethode: siehe Helfenberger Annalen 1897, S. 381 und 382.

Untersuchungsresultate:

Im Jahre 1905 wurde Eisenmangansaccharatliquor 61mal untersucht mit 3 Beanstandungen.

Die Werte der als „normal" befundenen 58 Fabrikationen bewegen sich in folgenden Grenzen:

Spez. Gew. bei 15° C.	1,059—1,067
% Trockenrückstand bei 100° C.	18,11—20,71
% Glührückstand	1,02—1,43
% Eisen (Fe)	0,60
% Mangan (Mn)	0,10
Äussere Beschaffenheit	klar
Geschmack	normal
Reaktion	schwach alkalisch

Nachstehend die Werte der 3 Fabrikationen, welche zu Beanstandungen Anlass gegeben haben:

Nr.	Spez. Gew. bei 15° C.	% Trockenrückstand b. 100° C.	% Glührückstand	Bemerkungen
1	1,0654	13,62	1,36	Klar, Geschmack normal. Reaktion schwach alkalisch.
2	1,0536	14,42	1,03	„ „
3	1,0660	19,02	2,06	„ „

Liquor Ferro - Mangani saccharati triplex.

(Dreifache Eisenmangansaccharatlösung.)

Untersuchungsmethode: Genau wie Liquor Ferro-Mangani saccharati simplex. Die Verdünnung 10 Teile Liquor $+$ 16 Teile Wasser $+$ 4 Teile Spiritus von 90 % muss das spezifische Gewicht und die Eigenschaften des einfachen Liquors zeigen.

Untersuchungsresultate:

Dreifache Eisenmangansaccharatlösung wurde im Berichtsjahre 11mal geprüft und stets als normal befunden. Nachstehend die Grenzwerte:

Spez. Gew. bei 15 ⁰ C.	1,284—1,315
„ „ „ der Verdünnung	1,0624—1,0680
% Trockenrückstand bei 100 ⁰ C. . .	55,33—59,96
% Glührückstand	3,82—4,22
% Eisen (Fe)	1,80—1,83
% Mangan (Mn)	0,30—0,31
Äussere Beschaffenheit	klar
Geschmack	normal
Reaktion	schwach alkalisch

Wie in den Vorjahren, so haben wir auch im Berichtsjahre wieder Gelegenheit genommen, eine Anzahl von Handelsprodukten und Nachahmungen unserer Originalliquores hier zu analysieren oder analysieren zu lassen und erlauben uns, die erhaltenen Resultate, meist ohne weiteren Kommentar, am Schluss des Kapitels „Liquores Ferri et Ferro-Mangani" für Interessenten anzufügen.

Liquor Ferro-Mangani peptonati dulcis.

(Handelsmarke G & H in N.)

Spez. Gew. bei 15° C.	1,0399
„ „ „ des Destillates	0,9800
g Alkohol in 100 ccm	12,81
% Trockenrückstand bei 100° C. . .	12,33—13,35
% Glührückstand	0,905—0,958
% Eisen (Fe)	0,61—0,62
% Mangan (Mn)	**0,065!**
Reaktion	fast neutral
Geschmack	metallisch

Liquor Ferro-Mangani saccharati.

(Handelsmarke G & H in N.)

Spez. Gew. bei 15° C.	1,0367
„ „ „ des Destillates	0,979
g Alkohol in 100 ccm	13,607
% Trockenrückstand bei 100° C. . .	13,25—13,44
% Glührückstand	0,924—0,964
% Eisen (Fe)	0,61—0,64
% Mangan (Mn)	0,058—0,064!
Reaktion	fast neutral
Geschmack	angenehm

Loschwitzer alkoholfreie Eisentinktur.

(Tinctura Ferri Loschwitz.)

$0,6\,^0/_0$ Fe.

Eigene Untersuchungen:

Reaktion	schwach sauer	schwach sauer
Spez. Gew. bei 15 ⁰ C. .	1,0580	1,089
„ des Destillates	0,997	—
g Alkohol in 100 ccm	1,60	—
$^0/_0$ Trockenrückstand b. 100⁰ C.	15,01—15,49	14,16
$^0/_0$ Glührückstand . .	0,327—0,336	0,378—0,385
$^0/_0$ Eisen (Fe)	**0,197—0,198—0,201!**	**0,210—0,216!**
	Der Trockenrückstand ist schwer auf konstantes Gewicht zu bringen und bleibt zähe (Glyzerin).	Der Trockenrückstand bleibt weich. Liquor trübe, Bodensatz abscheidend, Geschmack widerlich süss.

Untersuchungen von einem Dresdener öffentlichen Laboratorium ausgeführt:

Spez. Gew. bei 15 ⁰ C. . .	1,0559	1,0577	1,0673
$^0/_0$ Trockensubstanz . . .	11,23	11,50	16,43
g Alkohol in 100 ccm . .	0,69	1,77	1,28
$^0/_0$ Asche	0,343	0,337	0,926
$^0/_0$ Eisen (Fe)	**0,185!**	**0,191!**	**0,516!**
Äussere Beschaffenheit . .	klar	trübe, zeigt Bodensatz	klar

Loschwitzer Arsen-Eisentinktur.

(Tinctura Ferri arsenicosi Loschwitz.)
0,01 % Arsen, 0,6 % Eisen.

Reaktion	schwach sauer	schwach sauer
Spez. Gew. bei 15° C. . .	1,0364	1,0339
„ des Destillates	0,982	0,9824
g Alkohol in 100 ccm . .	11,27	11,27
% Trockenrückstand b. 100° C.	13,48—13,62	12,29
% Glührückstand	0,376—0,381	0,368—0,386
% Eisen (Fe)	**0,226—0,232!**	**0,218!**
% Arsen (As)	wurde nur qualitativ nachgewiesen	
	Der Trockenrückstand trocknet völlig aus und lässt sich zerreiben.	Klare Flüssigkeit, von angenehmem, sehr an Tinctura aromatica erinnernden Geschmack.

Untersuchung von einem Dresdener öffentlichen Laboratorium ausgeführt:

Spez. Gew. bei 15° C.	1,0339
% Trockensubstanz	9,76
g Alkohol in 100 ccm	11,65
% Asche	0,367
% Eisen (Fe)	**0,205!**
Äussere Beschaffenheit	klar

Im Anschluss an seine Untersuchungen bemerkt das Dresdener öffentliche Laboratorium in seinem Gutachten etwa folgendes:

„Aus den angegebenen Analysen ergibt sich mit voller Bestimmtheit, dass die als alkoholfrei bezeichneten Tinkturen mehr als 0,5 g Alkohol in 100 ccm zeigen und deshalb als „technisch alkoholfrei“ nicht zu erachten sind, dass ferner der auf den Etiketten und den Umhüllungspapieren gewährleistete Eisengehalt von 0,6 % von keiner der 4 Proben erreicht wird, ja, dass sogar 3 von 4 Proben im Mittel noch nicht den dritten Teil des gewährleisteten Eisengehaltes aufweisen. Zum Schluss sagt das Gutachten, dass nach dem Ausfall der Analysen die Angaben des Herstellers in hohem Grade geeignet sind, den Kauflustigen über den Minderwert der Ware zu täuschen.“

Ein weiterer Kommentar hierzu ist wohl überflüssig; es ist bedauerlich, dass derartige Präparate als „vollwertig“ angepriesen werden und dadurch die allbewährte Zuverlässigkeit der Apothekerpräparate in dieser Weise misskreditiert wird.

Sangan (früher Haeman).

(Haeman-Werk, Baum & Co., Hanau, G. m. b. H.)

Angegebene Bestandteile: Eisen 0,35 %, Rhodan 0,5 %, Pepto-
Pepsin ca. 0,5 %, Sirup. simpl. 30 %, Vanillin 0,001 %,
Rest: dest. Wasser. Preis der Flasche M. 2,25.

Die Flasche enthielt etwa 240 ccm = 262 g Flüssigkeit,
dieselbe war schwach trübe, von hellrotbrauner Farbe und
hatte etwas abgesetzt. Der Geschmack ist zuerst süss und
stark nach Vanillin, derselbe verschwindet jedoch bald, um
einem lange anhaltenden, sehr unangenehmen, tintenartigen
Eisengeschmack Platz zu machen.

Reaktion	schwach sauer
Spez. Gew. bei 15° C. . . .	1,0920
% Trockenrückstand b. 100° C.	22,68
% Glührückstand	0,36—0,37
% Eisen (Fe)	**0,25—0,26!**

Da der Liquor Chloride und Spuren Schwefelsäure enthielt, konnte der Rhodangehalt nicht durch Titration mittelst
Sibernitrat ermittelt werden, sondern hätte durch Oxydation
und Bestimmung des im Rhodan enthaltenen Schwefels ge-
schehen müssen. Deshalb wurde von einer genauen Bestimmung abgesehen und der Gehalt an Rhodan auf kolori-
metrischem Wege ermittelt und 0,29 % CNS resp.

$$0,38\ \% \ CNSNH_4 \ \text{resp.}$$
$$0,475\ \% \ CNSK \ \text{gefunden.}$$

Der Nachweis von Eisen als Peptonverbindung konnte nicht
erbracht werden. Da der Liquor mit Ferricyankali sofort
einen starken, intensiv blauen Niederschlag gab, war jedenfalls die Hauptmenge als anorganisches Oxydulsalz vorhanden.

Der Liquor war frei von Alkohol und Glyzerin.

Triquor Ferri albuminati.

(Liquor Ferri albuminati triplex.)

Sicco, Med. Chem. Inst. Berlin.

Zur Verdünnung mische man:

20,0 Liq. Natri caustici D. A. IV.
1800,0 Aqua dest.
200,0 Spiritus und füge der Mischung hinzu:
1000,0 Triquor Ferri albuminati.

Die Untersuchung lieferte folgende Werte:

Spez. Gew. bei 15° C.	1,0100
„ „ „ 15° C. (der Verdünnung)	0,9940
„ „ „ 15° C. (des Destillates) .	0,9870
g Alkohol in 100 ccm	7,66
Reaktion	schwach sauer
$\%$ Trockenrückstand bei 100° C. . .	5,54—5,58
$\%$ Glührückstand	1,91—2,04
$\%$ Eisen (Fe)	**1,15**!

Triquor Ferri-Mangani peptonati.

(Liquor Ferri-Mangani peptonati triplex.)
Sicco, Med. Chem. Inst. Berlin.

Zur Verdünnung mische man:

200 g Spiritus.
1800 g Aqua und füge der Mischung hinzu:
1000 Triq. Ferro-Mang. pept.

Der Geschmack wird noch voller und likörartiger bei Verwendung von 400 g Spiritus an Stelle von 200 g.

Die Untersuchung ergab folgende Werte:

Spez. Gew. bei 15° C.	1,1302
„ „ „ 15° C. (der Verdünnung)	1,0305
„ „ „ 15° C. (des Destillates) .	0,9870
g Alkohol in 100 ccm	7,66
Reaktion	schwach sauer
% Trockenrückstand bei 100° C. . .	31,05—31,18
% Glührückstand	2,75—2,83
% Eisen (Fe)	**1,56**!
% Mangan (Mn)	0,196

Liquor Kalii arsenicosi.

(Fowler'sche Lösung.)

Untersuchungsmethode: nach dem D. A. IV. und Helfenberger Annalen 1902, S. 182.

Grenzwert des D. A. IV.: 5 ccm dürfen nicht mehr als 10,1 $\frac{n}{10}$ Jodlösung verbrauchen.

Untersuchungsresultate:

Nr.	Spez. Gew. bei 15° C.	10 ccm = x ccm $\frac{n}{10}$ J.-Lsg.	Bemerkungen
1	—	20,20	Entsprach auch sonst den Anforderungen des D. A. IV.
2	0,9950	20,22	„

Mel depuratum.

(Gereinigter Honig.)

Untersuchungsmethode: siehe Helfenberger Annalen 1897, S. 344 und nach dem D. A. IV.

Untersuchungsresultate:

Im Berichtsjahre wurde nur ein sehr grosser Posten Mel depuratum hergestellt. Derselbe gab bei der Untersuchung folgende Werte:

1,350 Spez. Gew. bei 15° C.

11,20 Säurezahl.

—7,9° Polarisation der Lösung (1+2) im 200 mm-Rohr.

0,18 % Asche.

Sonst entsprach der Honig den Anforderungen des D. A. IV., mit Weingeist gab derselbe nur eine ganz geringe Opaleszenz.

Oxymel Scillae.

(Meerzwiebelhonig.)

Untersuchungsmethode: siehe Helfenberger Annalen 1897, S. 382 und nach dem D. A. IV.

Untersuchungsresultate:

Oxymel Scillae	Nr.	$\%$ Essigsäure	Bemerkungen
decemplex	1	8,40	Von rotbrauner Farbe, klar, die Verdünnung mit 9 Teilen Mel depuratum war klar, gelblich-braun und entsprach den Anforderungen des D. A. IV. an Meerzwiebel-Honig.
„	2	7,80	
„	3	9,09	
„	4	8,22	
„	5	9,00	
simplex D. A. IV.	1	0,93	Von bräunlichgelber Farbe, E. s. klar, Geruch u. Geschmack d. A. d. normal. D. A. IV.
„	2	0,84	„ „
„	3	0,99	„ „
„	4	0,93	„ „
„	5	0,93	„ „
„	6	0,96	„ „

Bei der Untersuchung von zehnfachem Meerzwiebelhonig stellen wir auch sofort durch Verdünnung von einem Teil desselben mit 9 Teilen gereinigtem Honig das Präparat des Arzneibuchs dar, um beurteilen zu können, ob auch durch Verdünnung des zehnfachen Präparates ein normales Pharmakopoepräparat entsteht; es entsprechen demnach die unter Nr. 1—5 bei Oxymel Scillae simplex D. A. IV. verzeichneten Gehalte an Essigsäure den korrespondierenden Nr. 1—5 des zehnfachen Meerzwiebelhonigs.

Pastae.

(Pasten.)

Untersuchungsmethode: siehe Helfenberger Annalen 1897, S. 396.

Untersuchungsresultate:

Pasta	Nr.	Maximalzahl μ
salicylica cum Vaselina alba [mit 1,5 % (Pasta Zinci Lassar) Acid. salicylicum]	1	2,70—21,60
„	2	2,70—36,45
„	3	1,35—27,00
„	4	4,05—31,05
„	5	5.40—31,05
„	6	2,70—28,35
salicylica cum Vaselina flava [mit 1,5 % (Pasta Zinci Lassar) Acid. salicylicum]	1	2,70—29,70
„	2	1,35—31,05
„	3	4,05—33,75
„	4	2,70—21,60
„	5	5,40—36,45
„	6	1,35—28,35
„	7	5,40—21,60
salicylica Form. mag. Berol. [mit 2 % Acid. salic.]	1	6,75—20.25
„	2	2,70—21,60
„	3	5,40—24,30
„	4	2,70—27,00
„	5	4,05—28,35
„	6	5,40—31,05
Zinci Form. mag. Berol. [mit 25 % Zinc. oxydat.]	1	1,35—21,60
„	2	2,70—27,00
„	3	4,05—27,00
„	4	2,70—31,05
„	5	5,40—28,35
„	6	4,05—24,30
„	7	6,75—31,05
Zinci Unna [mit 20 % Zinc. oxydat.]	1	2,70—27,00
„	2	4,05—21,60
„	3	1,35—17,55
„	4	5,40—24,30
„	5	2,70—21.60
„	6	4,05—31,05

Pulpa Tamarindorum depurata.

(Gereinigtes Tamarindenmus.)

Untersuchungsmethode: siehe Helfenberger Annalen 1897, S. 383 und nach dem D. A. IV.

Untersuchungsresultate:

Nr.	$\%$ Feuchtig-keit	$\%$ Asche	$\%$ Cellu-lose	$\%$ Wein-säure	$\%$ Invert-zucker	Bemerkungen
A) Pulpa Tamarindorum depurata D. A. IV.						
1	38,65	2,38	3,58	12,37	43,84	Entsprach auch sonst d. A. d. D. A. IV.
B) Pulpa Tamarindorum depurata concentrata D. A. IV.						
1	20,44	2,09	3,39	12,75	51,26	Die Verdünnung entsprach den Anforderungen des D. A. IV.
2	19,73	2,28	—	12,25	52,92	„

Durch Einführung der Tamarindenkonserven und der verschiedenen Sorten Tamarindenextrakte hat der Verbrauch des gewöhnlichen Tamarindenmuses nach dem D. A. IV. gegen frühere Jahre abgenommen.

Pulveres.

(Pulver.)

Untersuchungsmethode: siehe Helfenberger Annalen 1897, S. 384.

Untersuchungsresultate:

Pulvis — subtilis	Nr.	$\%$ Verlust bei 100° C.	$\%$ Asche	Maximalzahl μ
florum Chrysanthemi	1	8,70	6,61	148,50
lignum Santali rubrum	1	9,36	1,20	— War nur mittelfeines Pulver.

Sapones.

(Seifen.)

Untersuchungsmethode: siehe Helfenberger Annalen 1897, S. 385—386 und nach dem D. A. IV.

Untersuchungsresultate:

Sapo	Nr.	$\%$ Gesamt-alkali[1]	Bemerkungen		
kalinus ad spiritum saponatum	1	0,435	Reaktion alkalisch	Löslichkeit normal	
,,	2	0,168	,,	,,	
,,	3	0,67	,,	,,	
,,	4	0,113	,,	,,	
,,	5	0,14	,,	,,	
,,	6	0,56	,,	,,	
,,	7	0,50	,,	,,	
,,	8	1,17	,,	,,	
,,	9	1,40	,,	,,	
,,	10	0,56	,,	,,	
,,	11	0,39	,,	,,	
,,	12	0,56	,,	,,	
,,	13	0,17	,,	,,	
,,	14*	—	Reaktion schwach sauer	Löslichkeit normal	
kalinus D. A. IV.	1	0,056	Reaktion schwach alkalisch	Löslichkeit normal	E. s. d. A. d. D. A. IV.
,,	2	0,224	,,	,,	,,
,,	3	0,112	,,	,,	,,
,,	4	0,360	,,	,,	,,
,,	5	0,17	,,	,,	,,
,,	6	0,028	,,	,,	,,
,,	7	0,045	,,	,,	,,
,,	8*	$10\,g = 0,35\,ccm\ \frac{n}{10}$ KOH.	schwach sauer, trübe,		d. A. d. D. A. IV. nicht entspr.
,,	9*	$3,00\ \frac{n}{10}$ KOH	,,	,,	,,
,,	10*	6,00 ,,	,,	,,	,,
,,	11*	1,00 ,,	,,	,,	,,

---

[1] Vergl. Helfenberger Annalen 1901, S. 197, Anmerkung unten. Die mit * bezeichneten Seifen wurden beanstandet.

Sapo	Nr.	% Gesamt- alkali[1]	Bemerkungen		
medicatus D. A. IV.	1	0,22	Reaktion neutral	Löslichkeit normal	E. d. A. d.D.A.IV.
,,	2	0,364	ganz schwach alkalisch	,,	,,
,,	3	—	neutral	,,	,,
,,	4	0,33	,,	,,	,,
,,	5	0,63	ganz schwach alkalisch	,,	,,
,,	6	0,62	,,	,,	,,
,,	7	0,67	neutral	,,	,,
,,	8*	0,558	ganz schwach alkalisch	,,	,,
,,	9*	1,09	stark alkalisch	,,	d. A. d. D. A. IV. nicht entsprechend
,,	10*	$1\,g = 0,4$ ccm $\frac{n}{10}$ KOH.	sauer	,,	,,
,,	11*	$1\,g = 0,5$ ccm $\frac{n}{10}$ KOH.	,,	,,	,,
,,	12*	$1\,g = 0,4$ ccm $\frac{n}{10}$ KOH.	,,	,,	,,
oleinicus ad spiritum saponatum	1	0,84	alkalisch	,,	
,,	2	1,00	,,	,,	
,,	3	0,616	,,	,,	
,,	4	0,802	,,	,,	
,,	5	1,68	,,	,,	
,,	6	0,336	,,	,,	
,,	7	0,76	,,	,,	
,,	8	0,95	,,	,,	
,,	9	0,70	,,	,,	
,,	10*	2,192	stark alkalisch	,,	
stearinicus	1	0,70	alkalisch	,,	Suppositorien u. Opodeldok normal
,,	2	0,616	,,	,,	,,
,,	3	0,224	,,	,,	,,
,,	4*	—	sauer, auf 1 kg fehlten noch 3,05 g NaOH.		

[1]) Vergl. Helfenberger Annalen 1901. S. 197, Anmerkung unten. Die mit * bezeichneten Seifen wurden beanstandet.

Sapo	Nr.	% Gesamt-alkali [1]	Bemerkungen
unguinosus, Mollin	1	neutral	war auch sonst von normaler Beschaffenheit
Seifencrême	1	1,68 S.-Z.	war auch sonst von normaler Beschaffenheit, wässerige Lösung stark schäumend.
„	2	3,36 „	„
„	3	0,95 „	„
„	4	2,24 „	„
„	5	1,428 „	„
„	6	1,512 „	„
„	7	2,52 „	„
„	8	2,016 „	„

Seifencrême wird etwas überfettet hergestellt und haben wir als Mass dafür, die zur Neutralisation nötige Menge KOH in Form der S.-Z. ausgedrückt.

[1] Vergl. Helfenberger Annalen 1901, S. 197, Anmerkung unten.

Sapo mercurialis unguinosus.

(Quecksilber-Salbenseife.)

Untersuchungsmethode: Quecksilberbestimmung wie in den Helfenberger Annalen 1903, S. 283 angegeben und mikrometrische Messung.

Untersuchungsresultate:

Nr.	% Hg	Maximalzahl μ
1	33,96	5,40
2	33,72	6,75

Sirupus Ferri jodati decemplex.

(Zehnfacher Eisenjodürsirup.)

Untersuchungsmethode: 2,0 werden unter nachträglichem
Zusatz von etwas Ammoniakflüssigkeit eingetrocknet
und bis zum konstanten Gewicht geglüht. Im Glührückstand wird der Eisengehalt nach bekannten
Methoden entweder gewichtsanalytisch oder titrimetrisch ermittelt.

Prüfung der Verdünnung mit 9 Teilen Sirupus
simplex nach den Anforderungen des D. A. IV.

Untersuchungsresultate:

Obengenannter Sirup wurde im Berichtsjahre nur einmal
geprüft. Derselbe enthielt

$$9,35 \; \% \; \text{Fe oder}$$
$$13,36 \; \% \; Fe_2O_3 \; \text{resp.}$$
$$51,72 \; \% \; FeJ_2.$$

Der Sirup war klar, von schön grüner Farbe; die Verdünnung entsprach den Anforderungen des D. A. IV.

Sirupus Ferri oxydati decemplex.

(Zehnfacher Eisenzuckersirup.)

Untersuchungsmethode: 2,0 werden eingetrocknet und bis zum konstanten Gewicht geglüht. Im Glührückstand wird das Eisen nach bekannten Methoden gewichtsanalytisch oder titrimetrisch ermittelt.

Prüfung der Verdünnung mit 9 Teilen Sirupus simplex nach den Anforderungen des D. A. IV.

Untersuchungsresultate:

Nr.	$\%$ Glührückstand	$\%$ Fe.	Bemerkungen
1	17,00	11,43	Die Verdünnung entsprach den Anforderungen des D. A. IV.
2	14,06	9,36	Die Verdünnung entsprach in der Farbe nicht d. A. d. D. A. IV.

Probe Nr. 2 wurde, da sie bei der vorschriftsmässigen Verdünnung von 10 Teilen mit 90 Teilen einfachem Sirup keinen in der Farbe dem D. A. IV. entsprechenden einfachen Eisenzuckersirup ergab, ausserdem noch etwas knappen Eisengehalt hatte, beanstandet.

Succus-Präparate.

Succus Juniperi inspissatus D. A. IV.

(Wacholdermus D. A. IV.)

Untersuchungsmethode: siehe Helfenberger Annalen 1897, S. 387 und nach dem D. A. IV.

Untersuchungsresultate:

Im Jahre 1905 kam nur eine Fabrikation Wacholdermus zur Prüfung:

Die bei der Untersuchung ermittelten Werte waren folgende:

$27,40 \ \%$ Feuchtigkeit bei 100^0 C.

$4,86 \ \%$ Asche.

$57,08 \ \%$ Invertzucker.

Die Asche war frei von in saurer Lösung durch Schwefelwasserstoffwasser nachweisbaren Schwermetallen.

In Farbe, Geruch, Geschmack und Löslichkeit entsprach das Wacholdermus den Anforderungen des D. A. IV.

Succus Liquiritiae depuratus D. A. IV.

(Gereinigter Süssholzsaft D. A. IV.)

Untersuchungsmethode: siehe Helfenberger Annalen 1897, S. 387 und nach dem D. A. IV.

Untersuchungsresultate:

Nr.	% Feuchtig-keit	% Asche	% Glycyr-rhicin	Bemerkungen
1	31,21	8,00	15,35	Hielt die Chlorammoniumprobe aus und entsprach auch sonst den A. d. D. A. IV.
2	25,05	7,06	15,20	,,
3	30,17	6,56	16,07	,,
4	28,31	6,38	16,36	,,
5	27,34	9,65	17,47	,,
6	27,39	8,13	17,88	,,

Tincturae.

(Tinkturen.)

Untersuchungsmethode: siehe Helfenberger Annalen 1897, S. 389 und 390 und nach dem D. A. IV.

(Bei den Opiumtinkturen verfahren wir in Zweifelsfällen auch noch nach E. Dieterich, titrieren jedoch das gewichtsanalytisch gewonnene Morphin in einem zweiten Kontrollversuch nach dem D. A. IV.)

Untersuchungsresultate:

Tinctura	Nr.	Spez. Gew. bei 15° C.	% Trockenrückstand b. 100° C.	Besondere Bestimmungen	Kapillar-Analyse nach Kunz-Krause
Absinthii D. A. IV.	1	0,9045	1,81	0,41 % Asche E. s. d. A. d. D. A. IV.	Normal
aromatica D. A. IV.	1	0,9000	1,21	„	„
Chinae D. A. IV.	1	0,9120	4,17	„	„
„ composita D. A. IV.	1	0,9196	5,65	„	„
	2	0,9113	4,37	„	„
	3	0,9169	5,44	„	„
Curcumae	1	—	2,82	—	—
	2	—	2,03	—	—
Digitalis D. A. IV.	1	0,9075	3,11	E. s. d. A. d. D. A. IV.	Normal
Ferri pomati D. A. IV.	1	1,0220	6,41	1,28 % Glührückst.	„
Gentianae D. A. IV.	1	0,9020	7,24	E. s. d. A. d. D. A. IV.	„

Tinctura	Nr.	Spez. Gew. bei 15° C.	% Trockenrückstand b. 100° C.	Besondere Bemerkungen	Kapillar-Analyse nach Kunz-Krause
Opii crocata D. A. IV.	1	0,9840	7,04	0,9975 % Morphin E. s. d. A. d. D. A. IV.	Normal
„	2*	0,9830	6,56	0,916 % Morphin E. d. A. d. D. A. IV. nicht	„
„	3	0.9830	6,59	1.02 % Morphin E. d. A. d. D. A. IV.	„
Opii simplex D. A. IV.	1	0,9758	5,28	1,08 % Morphin	„
„	2	0,9781	5,70	1,127 % „	„
„	3	0,9740	5,50	1,083 % „ E. s. d. A. d. D. A. IV.	„
„	4	0,9778	5,65	1,011 % „	„
				1,026 % „	„
Rhei vinosa D. A. IV.	1	1,0550	18,90	E. s. d. A. d. D. A. IV.	„
„	2	1,0515	17,68	„	„
„	3*	1,0540	17,81	E. d. A. d. D. A. IV. nicht	Anormal
„	4	1,0590	15,78	E. s. d. A. d. D. A. IV.	Normal
Strychni D. A. IV.	1	0,8985	1,47	0,273 % Alkaloid E. s. d. A. d. D. A. IV.	„
Veratri D. A. IV.	1	0,9028	1,95	„	„

Die mit * bezeichneten Tinkturen wurden beanstandet.

Unguenta concentrata.

(Konzentrierte Salben.)

Untersuchungsmethode: siehe Helfenberger Annalen 1897, S. 390.

Untersuchungsresultate:

Unguentum — concentratum		Nr.	Maximalzahl μ
Acidi borici	Acid. boric. 3 / Ungt. Paraffini 4	1	241,65
„ „		2	234,90
„ „		3	160,65
„ „		4	175,50
„ salicylici	Acid. salicylic. 2 / Ungt. Paraffini 1	1	106,65
„ „		2	140,40
„ „		3	153,90
Bismuti subnitrici	Bismuti subnit. 2 / Ungt. Paraffini 1	1	87,75
„ „		2	79,65
„ „		3	76,95
Cerussae	Cerussae 3 / Ungt. Paraffini 1	1	21,60
„		2	20,25
„		3	37,00
„		4	8,10
Chrysarobini	Chrysarobini 2 / Ungt. Paraffini 1	1	78,30
„		2	52,65
„		3	63,45
Hydrargyri album	Hydr. praec. alb. 2 / Ungt. Paraffini 1	1	14,85
„ „		2	10,80
„ „		3	18,90
„ „		4	27,00
„ „		5	8,10

Unguentum — concentratum		Nr.	Maximalzahl μ
Hydrargyri rubrum	{ Hydr. oxyd. rubr. 2 / Ungt. Paraffini 1 }	1	40,50
„ „		2	59,40
„ „		3	54,00
Jodoformii	{ Jodoform 2 / Ungt. Paraffini 1 }	1	66,15
„		2	102,60
Resorcini	{ Resorcini 2 / Ungt. Paraffini 1 }	1	75,60
„		2	87,75
„		3	98,55
„		4	76,95
sulfuratum	{ Sulfur 2 / Ungt. Paraffini 1 }	1	63,45
„		2	76,95
sulfuratum compositum	{ Sulfur 1 / Zinc. sulfuric. 1 / Ungt. Paraffini 1 }	1	37,80
„ „		2	59,40
„ „		3	35,10
Zinci a	{ Zinci oxydat. 1 / Adipis 1 }	1	1,35
„		2	2,70
„		3	4,05
„		4	2,70
„		5	5,40
Zinci b	{ Zinci oxydat. 1 / Adipis benzoat. 1 }	1	4,05
„		2	2,70
„		3	5,40
Zinci c	{ Zinci oxydat. 1 / Ungt. Paraffini 1 }	1	2,70
„		2	1,35
„		3	4,05
„		4	2,70
„		5	5,40
„		6	2,70
„		7	4,05

Unguenta Hydrargyri cinerea.

(Quecksilbersalben.)

Untersuchungsmethode: siehe Helfenberger Annalen 1897, S. 390 resp. 1903, S. 293 und nach dem D. A. IV.

Untersuchungsresultate:

Unguentum Hydrargyri	Nr.	% Hg	Maximal-zahl μ
cinereum D. A. IV.	1	33,23	5,40
„	2	33,19	6,75
„	3	33,88	—
„	4	33,99	5,40
„	5	33,65	6,75
„	6	33,13	5,40
„	7	33,28	—
cinereum 50 %	1	49,90	5,40
„	2	49,09	6,75
„	3	50,00	5,40
cinereum durum 33 $^1/_3$ %	1	33,28	8,10
„	2	32,15	6,75
„	3	32,78	6,75
„	4	33,00	6,75
„	5	33,31	6,75
„	6	33,34	5,40
„	7	32,69	—
„	8	32,91	—
„	9	32,71	—
„	10	33,60	6,75
„	11	33,52	5,40
„	12	33,57	6,75
cinereum durum 50 %	1	50,94	5,40

Untersuchungen technischer Artikel.

Eunors fruit salt.

Im vorigen Jahre kam von oben genanntem Fruchtsalz eine Probe zur Untersuchung.

Das Salz löste sich unter Kohlensäureentwicklung im Wasser vollständig auf.

Die qualitative Untersuchung ergab die Anwesenheit von

Kohlensäure

Weinsäure und

Natrium.

Citronen- und Äpfelsäure waren nicht vorhanden.

Die quantitative Analyse ergab 15,74 $\%$ Natrium

47,25—48,00 $\%$ Weinsäure,

wobei bemerkt sei, dass die Weinsäure nach dem von E. Schmidt für die Gesamtweinsäurebestimmung im Wein vorgeschriebenen Verfahren bestimmt wurde.

Nach den Ergebnissen der qualitativen und quantitativen Untersuchung besteht sonach das Fruchtsalzpulver aus

etwa 50,0 $\%$ doppeltkohlensaurem Natrium

15,0 $\%$ saurem weinsaurem Natrium

und 35,0 $\%$ freier Weinsäure.

Longlife-Essenz.

Im Berichtsjahre kam eine kleine Probe einer Longlife-Essenz genannten Flüssigkeit zur Untersuchung, welche von der Internationalen Hygienischen Gesellschaft m. b. H., Dresden, Wien, Berlin in den Handel gebracht wird und zur Luftverbesserung in Abortanlagen dienen soll, dadurch dass sie aus besonders konstruierten Tropfapparaten ausfliessend, verdunstet.

Da uns nur 8 ccm der spez. leichten, stark ätherisch riechenden Flüssigkeit, welche sich mit Äther klar mischte

und alkalisch reagierte, zur Verfügung standen, so konnte
von einer eigentlichen Untersuchung keine Rede sein; wir erhielten durch Mischen von

2 ccm Eukalyptusöl
3 „ Lavendelöl
2 „ Essigäther
0,5 „ Ammoniakflüssigkeit
20 „ Spiritus
5 „ Wasser

eine sehr ähnlich riechende Flüssigkeit, welche für obengenannten Zweck jedenfalls ebenso brauchbar war.

Salicum.

Im Berichtsjahre kam unter obigem Namen ein Muster
eines Klebemittels zur Untersuchung. Dasselbe stellte eine
bräunlichgelbe Masse von der Konsistenz eines dicken Extraktes dar, welche in Wasser löslich, dagegen unlöslich in
Spiritus und Äther war.

Der Trockenverlust bei 100° C. betrug 32,83 %,
die Asche „ 0,61 %.

Die Masse reagierte, vom Gehalt an Schwefelsäure herrührend, sauer. Mit Jodlösung trat Bläuung ein, Fehlingsche
Lösung wurde reduziert, Gerbsäure wurde dagegen nicht
gefällt.

Die Anwesenheit von Borsäure oder Salicylsäure konnte
nicht konstatiert werden.

Die Klebkraft war sowohl auf Papier als auch auf Glas
eine gute.

Der Klebstoff Salicum dürfte demnach aus weiter nichts
bestehen, als aus Stärkemehl, welches mittels Schwefelsäure
in Dextrin übergeführt worden ist.

Inhalts-Verzeichnis.

Seite

Abkürzungen, Definitionen und — der wichtigsten analytischen
        Zahlen-Konstanten für Fette, Öle und andere Körper 8—9
    ,,   Definitionen und — der wichtigsten analytischen
        Zahlen-Konstanten für Harzkörper n. K. Dieterich 7—8
Absoluter Alkohol, Alkohol und Weingeist 29
Acetonum 21
Acetyl-Säurezahl, Definition der — für Fette, Öle u. a. Körper . 8
   ,, -Verseifungszahl, Definition der — für Fette, Öle u. a. Körper 8
   ,, -Zahl, Abkürzung und Definition der — für Harzkörper,
    Fette, Öle und andere Körper . . . . 7, 8 u. 9
Acid-Albumin-Eisenmanganpeptonat-Lösung (Blutan) 173
Acidum benzoicum e toluolo 21
   ,,   boricum 22
   ,,   oleinicum crudum album 69
   ,,   ,,   ,, flavum 70
   ,,   salicylicum 22
   ,,   stearinicum crudum 63
   ,,   tartaricum 23
Adeps Lanae anhydricus purus D. A. IV. et technicus 133
   ,,   suillus . . . . 64—65
   ,,   ,, amerikanisches und selbst ausgelassenes 64
Aether aceticus 24
   ,,   D. A. IV. für analytische und technische Zwecke . . . 23
   ,,   Petrolei 24
   ,,   -Zahl, Definition der — für Fette, Öle und andere Körper 8
Agar Agar . . . . 25—26
Albumen bromatum et jodatum 153
   ,,   Ovi siccum . . . . 27—28
Albumin, Acid- — Eisenmanganpeptonat-Lösung (Blutan) . . . 173
Albuminat, Eisen- — lösliches 168
   ,,   ,,   — mit Natriumcitrat 168
   ,,   ,,   — -lösung n. d. D. A. IV. 174
   ,,   ,,   —   ,, klar, versüsst 174
Alcohol absolutus, Alcohol et Spiritus 29
Alexandriner Sennesblätter . . . . 110—111
Alkalisches Rhabarberextrakt 162
Alkaloidbestimmungen, Über — nach der Pharmacopoea
    Austriaca VIII. . . . . 163—165
Alkaloide, Zur Bestimmung der — im Extractum Belladonnae
    und Hyoscyami siccum . . . . 166—167
Alkohol, Absoluter Alkohol, — und Weingeist 29
Alkoholfreie Loschwitzer Eisentinktur 182
Allihn, Seignettesalzlösung nach . . . . 14—15
Aluminiumacetatlösung 172
Amerikanisches Schweinefett 64

Seite

Ammoniak, ½ Normal- — (wässeriges) 10
     „   -flüssigkeit, doppelte 86
Ammonium sulfoichthyolicum 30
     „   -rhodanidlösung ¹/₁₀ Normal- 10
     „   -sulfatlösung, Ferri- 15
Amylum Tritici 30
Analytische Zahlen-Konstanten, Definitionen und Abkürzungen
     der wichtigsten . . . . 7—9
Apfelsaure Eisentinktur 197
Aqua Amygdalarum amararum D. A. IV. 145
Arabisches Gummi 83
Arachisöl 71
Aromatische Tinktur n. d. D. A. IV. 197
Arsen, Loschwitzer — -Eisentinktur 183
Artikel, Untersuchungen technischer . . . . 202—203
Äther für technische Zwecke 23
     „   n. d. D. A. IV. für analytische Zwecke 23
Atomgewichte, internationale 17
Australischer Hammeltalg 68
Automobil-Benzin 53

Baldrian 129
     „   -Extrakt, wässeriges, dickes 163
Balsame 31
     „ , Harze und Gummiharze . . . . 31—52
Balsamum peruvianum 31
     „   tolutanum 31
Bärentraubenblätter-Dauerextrakt 158
Bärlappsamen 122
Bariöl 79
Basisches Wismutnitrat 54
Batavia Dammar 45
Baumöl 77
Belladonnaextrakt aus Wurzel, dickes . . . . 159—160 u. 165
     „   n. d. D. A. IV., dickes . . . . 159 u. 165
     „   „   „   trockenes . . . . . . 159 u. 167
     „   „ Ph. Aust. VII. u. VIII., dickes . 160 u. 165
     „   „ Ph. Finl., weingeistiges, dickes 160
     „   Zur Bestimmung der Alkaloide im trocke-
          nen — und Bilsenkrautextrakt . . . . 166—167
Benzinum Petrolei 53
Benzoesäure Toluol- 21
Benzolum 53
Bernstein 51
Bilsenkrautextrakt, dickes n. d. D. A. IV. u. n. d. Ph. Aust. VII. 161 u. 165
     „   „ n. d. Ph. Aust. VIII. . . . 161—162 u. 165
     „   trockenes n. d. Ph. Aust. VIII. u. d. D. A. IV. 161 u. 167
     „   Zur Bestimmung der Alkaloide im trockenen
          Belladonna- u. . . . . 166—167
Bismutum subnitricum 54
Bitterklee 112
Bittermandelwasser n. d. D. A. IV. 145
Bittersüssextrakt n. d. Ph. Aust. VIII. 161
Blätter . . . . 110—112
Blaues Lackmuspapier . . . . 147—150
     „   und rotes Lackmuspapier nebeneinander 150

Seite

Bleiglätte 55
„ -papier 148
„ -pflaster n. d. D. A. IV. in Masse und in Stengeln 154
„ „ zusammengesetztes, n. d. D. A. IV. dto. 154
„ -verbindungen . . . . 54—55
„ -weiss 54
„ „ -Pflaster n. d. D. A. IV. 154
„ „ -Salbe, konzentrierte 199
Blutan und Brom- resp. Jod- 173
Blüten 113
Borsalbe, konzentrierte 199
Borsäure 22
Braunkohlen-Paraffin 102
Brechnussextrakt, dickes, n. d. Ph. Aust. VII. u. VIII. 163
„ „ n. d. D. A. IV. 163
„ -tinktur n. d. D. A. IV. 198
Brechwurzel 125
„ -Dauerextrakt 158
Brom-Blutan 173
„ Jod- und -Eigone 153
„ Pepto- — und Jod-Eigon 153
„ -wasserstoffsaure, Jod- und — Eiweisskörper 153
Burstyn'sche Säuregrade, Definition der 8

Calcium carbonicum praecipitatum 56
Camphora 56
Cantharides 57
Carbonylzahl, Definition und Abkürzung der — für Harzkörper 7 u. 8
Cascara-Sagrada-Fluidextrakt und entbittertes 157
„ „ -Rinde . . . . 115—116
Cautschuc 94
Cera alba 134
„ flava . . . . 134—137
„ japonica 132
Ceresinum album 100
„ flavum 101
Cerussa 54
Charta filtrata . . . . 58—59
„ photographica 149
„ sinapisata mit feinem und grobem Senfmehl bereitet 151—152
„ „ französisches 152
Chartae . . . . 58—59 u. 146—152
„ exploratoriae . . . . 146—147
„ „ diversae . . . . 148—149
„ „ neutrales 150
Chemikalien, Drogen und Rohstoffe . . . . 19—142
China-Dauerextrakt 158
„ -extrakt, wässeriges n. d. D. A. IV. 160
„ -rinde . . . . 117—120
„ -tinktur, n. d. D. A. IV. u. zusammengesetze — n. d. D. A. IV. 197
Chlorophyllum 59
Chrysanthemumblütenpulver 190
Chrysarobinsalbe, konzentrierte 199
Cochinchina-Kokosöl 73
Coignet Osteocolle sans odeur pour clarifier 82
Colla piscium 60

Seite

Colombo-Dauerextrakt 158
Colophonium citrinum et rubrum 32
Condurango-Fluidextrakt 157
„ -Rinde . . . . 121—122
Congorotpapier 147
Copal 33
· „ , Über einen neuen fossilen . . . . 33—44
Cortex Cascarae Sagradae . . . . 115—116
„ Chinae . . . . 117—120
„ Cinnamomi 121
„ Condurango . . . . 121—122
Cortices . . . . 115—122
Crême, Seifen- 193
„ Vaseline- 105
Curcumapapier 146

Dammar, Batavia- und Singapore- 45
„ -harz 45
Dauerextrakte 158
Definitionen und Abkürzungen der wichtigsten analytischen
    Zahlen-Konstanten für Fette, Öle u. andere Körper 8—9
„ und Abkürzungen der wichtigsten analytischen
    Zahlen-Konstanten für Harzkörper n. K. Dieterich 7—8
Destillat, Weinhefe- 137
Deutscher Hammeltalg 67
Dextrin 61
Dextrinat, Eisen- 168
Dialysierte Eisenflüssigkeit 3,5 %ige 175
„ Eisenoxychloridlösung 5 %ige 175
Diana-Schellack . . . . 47—49
Dicke und trockene Extrakte . . . . 159—167
Digitalis-Dauerextrakt 158
- -Tinktur n. d. D. A. IV. 197
Doppelte Ammoniakflüssigkeit 86
Doppeltkohlensaures Kalium 84
„ Natrium 97
Dreifache Eisenmangansaccharatlösung 180
„ versüsste Eisenmanganpeptonatlösung 178
Drogen, Chemikalien, — und Rohstoffe . . . . 19—142
Dunkles Malzextrakt 162
Duplitest 150

Eigon, Brom- und Jod- 153
„ Jod- — -Natrium 153
„ Pepto-Brom- und Pepto-Jod- 153
Einfache Opiumtinktur 198
Einfacher Meerzwiebelhonig 188
Einfaches Bleipflaster in Masse und in Stengeln 154
Eisen-, Eisenmangan- und Manganpräparate . . . . . . 168—169
„ milchsaures 61
„ und Eisenmanganflüssigkeiten . . . . 173—186
Eisenalbuminat, lösliches 168
„ mit Natriumcitrat 168
„ -lösung, klare, versüsste und n. d. D. A. IV. . . 174
Eisenchlorid, krystallisiertes 62
Eisendextrinat 168
Eisenflüssigkeit, dialysierte 3,5 %ige 175

Seite

Eisenjodürsirup, 10facher 194
Eisenmangan-, Eisen- — und Manganpräparate . . . . . 168—169
„   -, Eisen- und — -Flüssigkeiten . . . . . . 173—186
„   -Peptonat, trockenes 169
„   -   „   -Lösung, Acid-Albumin (Blutan) 173
„   -   „   -   „   unversüsste 176
„   -   „   -   „   versüsste . . . . 177 u. 181
„   -   „   -   „   dreifache . . . . 178 u. 186
„   -Saccharat, flüssiges und trockenes 169
„   -   „   -lösung . . . . 179 u. 181
„   -   „   „   dreifache 180
„   -Zucker, flüssiger und trockener 169
Eisenoxychloridlösung, dialysierte 5 %ige 175
Eisenoxydulsulfat, trockenes 62
Eisenpeptonat, trockenes 168
„   -Lösung, versüsste 176
Eisensaccharat n. d. D. A. IV. u. 10 %iges 168
Eisentinktur, apfelsaure n. d. D. A. IV. 197
„   Loschwitzer, alkoholfreie 182
„   „   Arsen- 183
Eisenzucker n. d. D. A. IV. u. 10 %iger 168
Eisenzuckersirup, 10facher 195
Eiweiss, trockenes Hühner- . . . . 27—28
„   -körper, Jod- und bromwasserstoffsaure 153
„   -Reagenspapier 148
Emplastra . . . . 154—156
Emplastrum adhaesivum mite in bacillis 154
„   Cerussae D. A. IV. 154
„   Lithargyri compositum D. A. IV. in massa et in bacillis 154
„   „   simplex D. A. IV. „ „ „ „ „ 154
„   saponatum album D. A. IV. in bacillis 154
Entbittertes Kaskara-Sagrada-Fluidextrakt 157
Enzianextrakt n. d. D. A. IV. 161
„   -tinktur n. d. D. A. IV. 197
„   -wurzel 124
Erdnussöl 71
Erdwachs 101
Essenz. Longlife- . . . . 202—203
Essigäther 24
Essigsaure Aluminiumlösung 172
Esterzahl. Definition und Abkürzung der — für Harzkörper,
        Fette, Öle und andere Körper . . . . 7, 8 u. 9
Eunors fruit salt 202
Euphorbium 95
Extracta . . . . 157—167
„   fluida 157
„   solida 158
„   spissa et sicca . . . . 159—167
Extractum Absinthii aquosum spissum 159
„   Aurantii corticis Ph. G. I. 159
„   Belladonnae siccum D. A. IV. 159
„   „   spissum D. A. IV. 159
„   „   „   e radice . . . . 159—160
„   „   „   Ph. Aust. VII. et VIII. . . . 160
„   „   spirituosum spissum Ph. Finl. . . . 160
„   „   und Hyoscyami siccum, Zur Bestim-
                mung der Alkaloide im . . . . . 166—167

210   Inhaltsverzeichnis.

Seite

Extractum Cascarae Sagradae fluidum 157
„ „ „ „ examaratum 157
„   Chinae aquosum D. A. IV. 160
„   Chinae solidum 158
„   Colombo solidum 158
„   Condurango fluidum D. A. IV. 157
„   Cubebarum D. A. IV. 160
„   Curcumae spirituosum spissum 161
„   Digitalis solidum 158
„   Dulcamarae siccum Ph. Aust. VIII. 161
„   Filicis D. A. IV. 161
„   Gentianae D. A. IV. 161
„   Hydrastis fluidum D. A. IV. 157
„   Hyoscyami siccum Ph. Aust. VIII. 161
„   „   spissum D. A. IV. et Ph. Aust. VII. . . . 161
„   „   „   Ph. Aust. VIII. . . . . . . 161—162
„   Ipecacuanhae solidum 158
„   Liquiritiae radicis aquosum 162
„   Malti purum, dunkel 162
„   „   „   hell 162
„   Rhei alcalinum 162
„   „   D. A. IV. 162
„   „   solidum 158
„   Rosarum 163
„   Scillae Ph. Aust. VIII. 163
„   „   spirituosum 163
„   Secalis cornuti D. A. IV. 163
„   „   „   fluidum D. A. IV. 157
„   „   „   solidum 158
„   Senegae solidum 158
„   Sennae „ 158
„   Strychni D. A. IV. 163
„   „   spissum Ph. Aust. VII. et Ph. Aust. VIII. . 163
„   Tamarindorum ad Decoctum 163
„   „   compositum 163
„   „   partim saturatum 163
„   Uvae Ursi solidum 158
„   Valerianae aquosum 163
Extrakte . . . . 157—167
„   Dauer- 158
„   dicke und trockene . . . . 159—167
„   Fluid- 157

Farinzucker, gelber 140
Farn-Extrakt n. d. D. A. IV. 161
„ -Wurzel 130
Fehling, Kupfersulfatlösung nach 14
„   Seignettesalzlösung „ . . . . 14—15
Ferri-Albuminat, lösliches 168
„   „   mit Natriumcitrat 168
„ -Ammoniumsulfatlösung 15
„ -Dextrinat 168
„ -Saccharat n. d. D. A. IV. u. 10 % iges 168
Ferro-Manganum, Ferrum, — et Manganum . . . . 168—169
„   „   peptonatum siccum 169
„   „   saccharatum, liquidum et siccum 169

Seite

Ferrokarbonat, zuckerhaltiges n. d. D. A. IV. 168
Ferrolaktat 61
Ferrum albuminatum oxydatum solubile 168
      „   „   „   cum Natrio citrico 168
    „   carbonicum oxydulatum saccharatum D. A. IV. . . . 168
    „   dextrinatum oxydatum 168
Ferrum, Ferro-Manganum et Manganum . . . . 168—169
Ferrum lacticum 61
    „   peptonatum siccum 168
    „   saccharatum oxydatum D. A. IV. u. 10 $^{0}/_{0}$iges 168
    „   sesquichloratum crystallisatum purum 62
    „   sulfuricum oxydulatum siccum 62
Fette, Definitionen und Abkürzungen der wichtigsten Zahlen-
    Konstanten für —, Öle und andere Körper . . . . . 8—9
    „   und Fettsäuren . . . . 63—68
    „   „   Öle nebst Fett- und Ölsäuren . . . . 63—80
Fichtenharz 49
Filtrierpapier . . . . 58—59
Fingerhut-Dauerextrakt 158
    „   Tinktur n. d. D. A. IV. 197
Firnis, Leinöl- 86
Fliegen, Spanische 57
Flores 113
    „   Chamomillae 113
    „   Chrysanthemi pulvis subtilis 190
Fluidextrakte 157
Flüssige Raffinade 138
Flüssiger Eisenmanganzucker 169
Flüssiges Paraffin 103
Flüssigkeiten, Eisen- und Eisenmangan- . . . . 173—186
Folia . . . . 110—112
    „   Sennae Alexandrinae . . . . 110—111
    „   Stramonii 112
    „   Trifolii fibrini 112
Formaldehydum solutum 81
Fowler'sche Lösung 187
Fraktionierte Verseifung, Definition und Abkürzung für die —
    bei Harzkörpern . . . . 7 u. 8
Fruchtsalz, Eunors 202
Fructus 114
    „   Capsici 114

Galgant 130
Gebrannte Magnesia 89
Gelatine, Gelatineleim . . . . 81—82
Gelatineleim pro capsulis 82
Gelbe Wilburine 104
Gelber Farinzucker 140
Gelbes Ceresin 101
    „   Kolophonium 32
    „   rohes Olein 70
    „   Vaselin 104
    „   Wachs 134
Gelbwurzel-Fluidextrakt n. d. D. A. IV. 157
Gereinigter Honig 187
    „   Süssholzsaft n. d. D. A. IV. 196

Seite

Gereinigtes Tamarindenmus, konzentriertes und n. d. D. A. IV. . 190
Gerstenmalz 90
Gesamt-Verseifungszahl, Definition und Abkürzung der — für
      Harzkörper . . . . 7 u. 8
Gewöhnliches Olivenöl . . . . 77—78
Glukose 142
Glycerinum 82
Graue harte Quecksilbersalbe $33^1/_3$ u. $50^0/_0$ige 201
   „   Quecksilbersalbe n. d. D. A. IV. u. $50^0/_0$ige 201
Graues Quecksilberlanoliment $33^1/_3$ u. $50^0/_0$iges 171
Gummi arabicum 83
   „   -Harze 52
   „   „   Balsame, Harze und . . . . 31—52
   „   -Pflaster in Masse und in Stengeln 154
   „   zahl, Definition und Abkürzung der — für Harzkörper 7 u. 8

Haeman 184
Haematoxylinlösung 15
Hamburger Heftpflaster, Über . . . . 155—156
Hammeltalg, australischer 68
   „   deutscher 67
Harnreagenspapiere 148
Harte graue Quecksilbersalbe $33^1/_3$ u. $50^0/_0$ige 201
Harze . . . . 32—51
Harze, Balsame, — und Gummiharze . . . . 31—52
Harzkörper, Definition und Abkürzungen der wichtigsten
      Zahlen-Konstanten für — n. K. Dieterich . . . . . . 7—8
Harzöl 99
Harzzahl, Definition und Abkürzung der — für Harzkörper
      n. K. Dieterich . . . . 7 u. 8
Hausenblase 60
Heftpflaster, mildes in Stengeln 154
   „   Über Hamburger . . . . 155—156
Hehnersche Zahl, Definition der — für Fette, Öle u. a. Körper 8
Helles Malzextrakt 162
Herba Millefolii 115
Herbae 115
Honig, Definition der Säurezahl von 9
   „   Meerzwiebel- —, einfacher und zehnfacher 188
   „   Roh- . . . . 92—93
   „   gereinigter n. d. D. A. IV. 187
Hüblsche Jodlösung 14
Hübl-Wallersche Jodlösung 14
Hühnereiweiss, trockenes . . . . 27—28
Hydrargyrum extinctum 170
          „   praecipitatum album 83
Hydrastis-Fluidextrakt n. d. D. A. IV. 157

Ichthyol 30
Indikatoren . . . . 15—16
Infusa sicca 158
Ingwer 131
Insektenpulver 190
Internationale Atomgewichte 17

Jalapenharz 46
Japanwachs 132

Seite

Java-Kopal . . . . 33—44
Jod, resublimiertes 84
Jod-Blutan 173
„ -Eigon 153
„   „   Pepto- 153
„   „   Natrium 153
Jodeosinlösung 15
Jodkali, Stärke- — -Papier 149
Jodlösung Hüblsche 14
„   Hübl-Wallersche 14
„   ¹/₁₀ Normal- 10
Jodoform-Salbe, konzentrierte 200
Jod- und bromwasserstoffsaure Eiweisskörper 153
Jodzahl-Bestimmungs-Apparat von Weiwers 65
„   Definition der — für Fette, Öle und andere Körper . . 8
„   nach Hübl und Hübl-Waller, Abkürzung für die . . . 9

Kakaobutter 72
Kakaoöl, Definition der Säurezahl von 9
Kalilauge, ¹/₂ Normal- —, alkoholische 10
„   . ¹/₁, ¹/₂, ¹/₁₀ u. ¹/₁₀₀ Normal- —, wässerige 11
„   , rohe 87
Kaliseife n. d. D. A. IV. 191
„   zu Seifenspiritus 191
Kalium bicarbonicum 84
„   carbonicum 85
Kalium doppeltkohlensaures 84
„   kohlensaures 85
„   -bijodatlösung, ¹/₁₀ Normal- 11
Kamillen 113
Kampher 56
Kanthariden 57
Kaskara-Sagrada-Fluidextrakt 157
„   „   „   entbittertes 157
„   „   -Rinde . . . . 115—116
Kautschuk 94
Klärleim 82
Klebmittel Salicum 203
Kochsalzfreies trockenes Pepton 106
Kochsalzlösung ¹/₁₀ Normal- 12
Kohlensaure Magnesia 89
Kohlensaures Kalium 85
Kokosöl, Cochinchina 73
Kolombo-Dauerextrakt 158
Kolophonium gelbes und rotes 32
Kondurango-Fluidextrakt 157
„   -Rinde . . . . 121—122
Kongorotpapier 147
Konstanten, Definitionen und Abkürzungen der wichtigsten ana-
         lytischen Zahlen- . . . . 7—9
Konzentrierte Salben . . . . 199—200
Konzentriertes gereinigtes Tamarindenmus 190
Kopal 33
„ , Java- . . . . 33—44
„ , Über einen neuen fossilen . . . . 33—44

Seite

Köttstorfer-Zahl, Definition der — für Fette, Öle und andere Körper 8
Krätzsalbe, konzentrierte 200
Kräuter 115
Krystallisiertes Eisenchlorid 62
Kubebenextrakt n. d. D. A. IV. 160
Kupfersulfatlösung nach Fehling 14
Kurkuma-Extrakt, weingeistiges, dickes 161
   „   -Papier 146
   „   -Tinktur 197

Lacca musci 85
Lackmuspapier blau 147
   „   neutral 150
   „   rot 146
   „   rot und blau nebeneinander 150
Lanolimentum Hydrargyri cinereum $33^{1}/_{3}$ et 50 % 171
Lärchenterpentin 51
Lassar's Zinkpaste mit gelber und weisser Vaseline 189
Lebertran 74
   „   -Ersatz 75
Leim . . . . 81—82
Leinöl 76
Leinölfirnis 86
Lignum Santali rubrum pulvis 190
Linteum sinapisatum mit feinem Senfmehl bereitet 171
Lipanin 75
Liquor Aluminii acetici D. A. IV. 172
   „   Ammonii caustici duplex 86
   „   Ferri albuminati D. A. IV. 174
   „   „   „   klar, versüsst 174
   „   „   „   triplex 185
   „   „   dialysati 5 % 175
   „   „   oxydati dialysati 3,5 % 175
   „   „   peptonati dulcis 176
Liquor Ferro-Mangani peptonati ohne Alkohol (Blutan) 173
   „   „   „   „   unversüsst 176
   „   „   „   „   dulcis . . . . 177 u. 181
   „   „   „   „   „ triplex . . . . 178 u. 186
   „   „   „   saccharati . . . . 179 u. 181
   „   „   „   „   triplex 180
   „   Kali caustici crudus 87
   „   Kalii arsenicosi D. A. IV. 187
   „   Natri caustici crudus 88
Liquores Ferri et Ferro-Mangani . . . . 173—186
Lithargyrum 55
Longlife-Essenz 202
Lorbeeröl 75
Loschwitzer alkoholfreie Eisentinktur 182
   „   Arsen-Eisentinktur 183
Lösliches Eisenalbuminat 168
Lycopodium 122

Magnesia usta 89
Magnesium carbonicum 89
Maltum hordei 90
Malz 90

Seite

Malzextrakt, dunkel und hell 162
Mandelöl 71
Mangan, Eisen- — -Peptonat 169
  „   „   — -Saccharat, flüssiges und trockenes 169
  „ -chlorür 91
  „ -präparate, Eisen-, Eisenmangan- und . . . . . . 168—169
  „ -Saccharat 169
Manganum, Ferrum, Ferro-Manganum et . . . . 168—169
  „   chloratum 91
  „   saccharatum oxydatum 169
Manna 96
Mannitum 138
Maschinenöl, russisches 91
Mastix 46
Medizinische Seife 192
Meerzwiebelextrakt n. d. Ph. Aust. VIII. 163
  „   „   weingeistiges 163
  „   honig n. d. D. A. IV. und zehnfacher 188
Meissl, Reichert- —sche Zahl, Definition der — für Fette, Öle
        und andere Körper 8
Mel crudum . . . . 92—93
  „ depuratum D. A. IV. 187
Meliszucker, weisser . . . . 139—140
Mennige 55
Methylorangelösung 15
  „ -zahl, Definition und Abkürzung der — für Harzkörper 7 u. 8
Milch- und Pflanzensäfte . . . . 94—97
Milchsaures Eisen 61
Milchzucker 141
Mildes Heftpflaster in Stengeln 154
  „ Tamarindenextrakt 163
Minium 55
Mollin 193
Motor-Benzin 53
  „ -Öl 91
Muskatnussöl 76
Mutterkorn 108
  „   -Dauerextrakt 158
  „   -Extrakt n. d. D. A. IV. 163
  „   -Fluidextrakt n. d. D. A. IV. 157
Myrrha et Myrrha pulverata 52

Natrium bicarbonicum 97
  „ carbonicum crudum et purum 98
  „ Jod-Eigon- 153
  „ jodoalbuminatum 153
  „ -chloridlösung, $^1/_{10}$ Normal- 12
  „ -karbonat, reines und rohes 98
  „ -thiosulfatlösung, $^1/_{10}$ Normal- 12
Natron, doppeltkohlensaures 97
  „ -lauge, rohe 88
Neutrale Reagenspapiere 150
Neutrales Lackmuspapier 150
Nieswurzeltinktur n. d. D. A. IV. 198
Normal-Ammoniak, wässeriges $^1/_2$ 10
  „ -Ammoniumrhodanidlösung $^1/_{10}$ 10

Seite

Normal-Flüssigkeiten . . . . 10—15
  „   -Jodlösung $^1/_{10}$ 10
  „   -Kalilauge, alkoholische $^1/_2$ 10
  „   -   „   wässerige $^1/_1$, $^1/_2$, $^1/_{10}$ u. $^1/_{100}$ 11
  „   -Kaliumbijodatlösung $^1/_{10}$ 11
  „   -Natriumchloridlösung $^1/_{10}$ 12
  „   -Natriumthiosulfatlösung $^1/_{10}$ 12
  „   -Salzsäure, $^1/_1$, $^1/_2$, $^1/_{10}$ u. $^1/_{100}$ . . . . 12—13
  „   -Schwefelsäure $^1/_1$ 13
  „   -Silbernitratlösung $^1/_{10}$ 13

Öle, Fette und — nebst Fett- und Ölsäuren . . . . 63—80
  „   und Ölsäuren . . . . 69—80
Olein, rohes, gelbes 70
  „   „   weisses 69
Oleum Amygdalarum 71
  „   Arachidis 71
  „   Cacao 72
  „   Cocos Cochinchina 73
  „   Jecoris Aselli album 74
  „   Lauri 75
  „   Lini 76
  „   Nucistae 76
  „   Olivarum commune . . . . 77—78
  „   „   provinciale 79
  „   resinae 99
  „   Ricini 80
Olivenöl, gewöhnliches . . . . 77—78
  „   Provencer 79
Ölsäure, rohe gelbe 70
  „   „   weisse 69
Ölsäuren, Fette und Öle nebst Fettsäuren und 80
  „   Öle und . . . . 69—80
Ölseife zu Seifenspiritus 192
Opium 97
  „   -Tinktur, einfache n. d. D. A. IV. 198
  „   „   safranhaltige n. d. D. A. IV. 198
Oxymel Scillae decemplex et simplex 188
Ozokerit 101

Papier Rigollot 152
Papiere . . . . 58—59 u. 146—152
Paraffin, Braunkohlen- 102
  „   flüssiges 103
Paraffine und Vaseline . . . . 100—105
Paraffinöl, weisses 103
Paraffinum 102
  „   liquidum album I et II 103
Pasta salicylica cum Vaselina alba 189
  „   „   „   „   flava 189
  „   „   Form. mag. Berol. 189
  „   Zinci   „   „   „ 189
  „   „   Lassar 189
  „   „   Unna 189
Pastae 189
Pepto-Brom-Eigon 153

Seite

Pepto-Jod-Eigon 153
Pepton, kochsalzfreies, trockenes 106
Peptonat, Acid-Albumin-Eisenmangan- — -Lösung (Blutan) . . 173
  ,,   Eisen- 168
  ,,   ,, Lösung, versüsst 176
  ,,   Eisenmangan- 169
  ,,   ,, Lösung, unversüsste 176
  ,,   ,,   ,, versüsste . . . . 177 u. 181
  ,,   ,,   ,,   ,, dreifache . . . 178 u. 186
Peptonum bromatum et jodatum 153
  ,,   siccum sine Sale 106
Perubalsam 31
Petroläther 24
Petroleumbenzin 53
Pfeffer, Spanischer 114
Pflanzen-Säfte, Milch- und . . . . 94—97
  ,,   -Wachse 132
Pflaster . . . . 154—156
Phenolphtalein-Lösung 16
  ,,   Papier 147
  ,,   Polpapier 148
Polpapier, Phenolphtalein- 148
Pomeranzenschalenextrakt n. d. Ph. G. I. 159
Präparate . . . . 143—201
  ,,   Eisen-, Eisen-Mangan- und Mangan- . . . . . 168—169
  ,,   Succus- 196
Präzipitat, weisser Quecksilber- 83
Präzipitiertes Calciumkarbonat 56
Presstalg (aus Rindertalg) 66
Puderzucker 142
Pulpa Tamarindorum cruda 106
  ,,   ,, depurata concentrata et D. A. IV. . . . 190
Pulveres 190
Pulvis florum Chrysanthemi subtilis 190
  ,,   lignum Santali rubrum 190

Quecksilber-Lanolinsalbe, graue 33$\frac{1}{3}$ u. 50 $^0/_0$ ige 171
  ,,   -präzipitat, weisser 83
  ,,   -salbe, graue, n. d. D. A. IV. u. 50 $^0/_0$ ige 201
  ,,   ,,   ,, harte 33$\frac{1}{3}$ u. 50 $^0/_0$ ige 201
  ,,   ,,   rote, konzentrierte 200
  ,,   ,, weisse   ,, ... 199
  ,,   -salben . . . . 199, 200 u. 201
  ,,   -Salbenseife 193
  ,,   -Verreibung 170

Radices . . . . 124—129
Radix Gentianae 124
  ,,   Ipecacuanhae 125
  ,,   Liquiritiae russica 126
  ,,   Senegae . . . . 127—128
  ,,   Valerianae 129
Raffinade, flüssige 138
Reagenspapiere . . . . 146—150
Regulin . . . . 25—26

Seite

Reichert-Meissl'sche Zahl, Definition der — für Fette, Öle und
     andere Körper 8
Reines Wollfett n. d. D. A. IV. 133
Resina Copal 33
    „   Dammar 45
    „   Jalapae 46
    „   Lacca 47
    „   Pini 49
    „   Thapsiae 50
Resorcinum 107
Resorzin-Salbe, konzentrierte 200
Resublimiertes Jod 84
Rhabarber-Dauerextrakt 158
    „   -Extrakt, alkalisches 162
    „   „   n. d. D. A. IV. 162
    „   -Tinktur, weinige n. d. D. A. IV. 198
Rhizoma Filicis 130
    „   Galangae 130
    „   Zingiberis 131
Rhizomata . . . . 130—131
Ricinusöl 80
Rinden . . . . 115—122
Rindertalg 66
    „   Presstalg aus 66
Rio-Brechwurzel 125
Roh-Honig . . . . 92—93
    „   Stearinsäure 63
Rohe Kalilauge 87
    „   Natronlauge 88
Roher Süssholzsaft 109
Rohes gelbes Olein 70
    „   Natriumkarbonat 98
    „   Tamarindenmus 106
    „   weisses Olein 69
Rohstoffe, Chemikalien, Drogen und . . . . 19—142
Rosenextrakt 163
Rosolsäurelösung 16
Rote Quecksilbersalbe, konzentrierte 200
Rotes Kolophonium 32
    „   Lackmuspapier 146
    „   Sandelholzpulver 190
    „   und blaues Lackmuspapier nebeneinander 150
Russisches Maschinenöl 91
    „   Süssholz 126

Saccharat, Eisen- — n. d. D. A. IV. u. 10% iges 168
    „   „   -Mangan- — flüssiges und trockenes 169
    „   „   „   — Lösung . . . . 179 u. 181
    „   „   „   „   dreifache 180
    „   Mangan- 169
Saccharum . . . . 139—140
    „   lactis 141
    „   pulveratum 142
Safranhaltige Opiumtinktur n. d. D. A. IV. 198
Sagrada, Kaskara- — -Fluidextrakt 157
    „   „   —   „   , entbittertes 157

Inhaltsverzeichnis.

219

Seite

Sagrada, Kaskara- — -Rinde	115
Salben, konzentrierte	199—200
„ Quecksilber-	201
Salbenseife	193
„ Quecksilber-	193
Salicum (Klebmittel)	203
Salizylsalbe, konzentrierte	199
Salizylsäure	22
„ -paste F. M. B.	189
„ „ mit gelber und weisser Vaseline	189
Salpetergeist, versüsster	108
Salzsäure, $^1/_1$, $^1/_2$, $^1/_{10}$ u. $^1/_{100}$ Normal-	12—13
Samen	122—124
„ Senf-	123—124
Sandelholzpulver, rotes	190
Sangan	184
Santoninum	107
Sapo kalinus ad spiritum saponatum	191
„ „ D. A. IV.	191
„ medicatus D. A. IV.	192
„ mercurialis unguinosus	193
„ oleinicus ad spiritum saponatum	192
„ stearinicus	192
„ unguinosus	193
Säuregrade, Definition der Burstyn'schen	8
Säurezahl, Definition und Abkürzung der — für Fette, Öle und andere Körper	8 u. 9
„ Definition der Acetyl- — für Fette, Öle u. a. Körper	8
„ der flüchtigen Anteile, Definition und Abkürzung der — für Harzkörper n. K. Dieterich	7 u. 8
„ direkt und durch Rücktitration bestimmt, Definition und Abkürzung der — für Harzkörper	7 u. 8
Schafgarbe	115
Schellack	47
„ Diana-	47—49
Schwefelsalbe, einfache und zusammengesetzte, konzentrierte	200
„ säure, $^1/_1$, $^1/_2$ u. $^1/_{10}$ Normal-	13
Schweinefett	64—65
„ amerikanisches und selbstausgelassenes	64
Sebum bovinum	66
„ ovile	67—68
Secale cornutum	108
Seifen	191—193
„ -crême	193
„ -pflaster, weisses n. d. D. A. IV. in Stengeln	154
„ -spiritus, Kaliseife zu	191
„ „ Ölseife zu	192
Seignettesalzlösung n. Allihn u. n. Fehling	14
Selbst ausgelassenes Schweinefett	64
Semen Sinapis	123—124
Semina	122—124
Senega-Dauerextrakt	158
„ -Wurzel	127—128
Senfleinwand	171
Senfpapier	151—152
„ -pulver, entöltes, feines und grobes	123
„ -samen	123

Seite
Sennesblätter, Alexandriner . . . . 110—111
    „   -Dauerextrakt 158
Silbernitratlösung ¹/₁₀ Normal- 13
Singapore-Dammar 45
Sirupus Ferri jodati decemplex 194
    „   „   oxydati   „   195
Soda, rohe 98
Spanische Fliegen 57
Spanischer Pfeffer 114
Spiritus 29
    „   Aetheris nitrosi 108
    „   Alcohol absolutus, Alcohol et 29
Stärke, Weizen- 30
    „   -Jodkalipapier 149
    „   -papier 149
    „   -zucker 142
Stearinsäure, Roh- 63
    „   -seife 192
Stechapfelblätter 112
Succinum 51
Succus Juniperi inspissatus D. A. IV. 196
    „   Liquiritiae crudus 109
    „   „   depuratus D. A. IV. 196
    „   -Präparate 196
Süssholz, russisches 126
    „   -extrakt, wässeriges 162
    „   -saft, gereinigter n. d. D. A. IV. 196
    „   „   roher 109

Talg, Hammel-, australischer und deutscher . . . . 67—68
    „   Press- — (aus Rindertalg) 66
    „   Rinder- 66
Tamarindenextrakt, mildes 163
    „   teilweise gesättigtes 163
    „   zu Aufguss 163
    „   zusammengesetztes 163
Tamarindenmus, gereinigtes, konzentriertes und n. d. D. A. IV. 190
    „   rohes 106
Technisches Wollfett 133
Teilweise gesättigtes Tamarindenextrakt 163
Terebinthina veneta 51
Thapsiaharz 50
Tierwachse . . . . 133—137
Tinctura Absinthii D. A. IV. 197
    „   aromatica D. A. IV. 197
    „   Chinae D. A. IV. 197
    „   „   composita D. A. IV. 197
    „   Curcumae 197
    „   Digitalis D. A. IV. 197
    „   Ferri Loschwitz 182
    „   „   arsenicosi Loschwitz 183
    „   „   pomati D. A. IV. 197
    „   Gentianae D. A. IV. 197
    „   Opii crocata D. A. IV. 198
    „   „   simplex D. A. IV. 198
    „   Rhei vinosa D. A. IV. 198

Seite

Tinctura Rhei vinosa sicca (Ext. Rhei alcalinum) 162
„   Strychni D. A. IV. 198
„   Veratri D. A. IV. 198
Tinkturen . . . . 197—198
„   Definition der Säure- und Verseifungszahl von . . . 9
Tollkirschenblätterextrakt n. d. Ph. Aust. VII. u. VIII. 160
„   „   „   „ Finl. 160
Tolubalsam 31
Toluolbenzoesäure 21
Toncit 149
Tonfixierpapier 149
Traubenzucker 142
Triquor Ferri albuminati 185
„   Ferro-Mangani peptonati 186
Trockene Extrakte, dicke und . . . . 159—167
„   Infusa 158
„   Rhabarbertinktur 162
Trockenes Eisenoxydulsulfat 62
„   Hühnereiweiss . . . . 27—28
„   Pepton, kochsalzfreies 106
Tropaeolinlösung 16

Über Alkaloidbestimmungen n. d. Ph. Aust. VIII. . . . . . 163—165
„   einen neuen fossilen Kopal . . . . 33—44
„   Hamburger Heftpflaster . . . . 155—156
Unguenta concentrata . . . . 199—200
„   Hydrargyri cinerea 201
Unguentum Acidi borici concentratum 199
„   „   salicylici   „   199
„   Bismuti subnitrici concentratum 199
„   Cerussae concentratum 199
„   Chrysarobini concentratum 199
„   Hydrargyri album concentratum 199
„   „   cinereum D. A. IV. et 50 $^0/_0$ 201
„   „   „   durum 33 $^1/_3$ et 50 $^0/_0$ . . . 201
„   „   „   rubrum concentratum 200
„   Jodoformii concentratum 200
„   Resorcini   „   200
„   sulfuratum   „   200
„   „   compositum concentratum 200
„   Zinci concentratum a, b und c 200
Unnas Zinkpaste 189
Untersuchungen technischer Artikel . . . . 202—203

Vaselin, gelbes 104
„   -Crême 105
Vaseline, Paraffine und . . . . 100—105
Vaselinöl, weisses 103
Vaselinum flavum 104
Vegetabilien . . . . 110—131
Venetianischer oder Lärchen-Terpentin 51
Verhältniszahl, Definition der — für Wachs 9
Verreibung, Quecksilber- 170
Verschiedene Reagenspapiere . . . . 148—149
Verseifung, Definition und Abkürzung der fraktionierten — für
        Harzkörper . . . . 7 u. 8

Seite

Verseifungszahl, Definition und Abkürzung der — für Fette,
    Öle und andere Körper 9
    ,,   auf heissem und kaltem Wege, Definition und
    Abkürzung der — für Harzkörper . . . . . 7 u. 8
    ,,   Acetyl-, Definition der — für Fette, Öle und
    andere Körper 8
    ,,   Gesamt- —, Definition und Abkürzung der —
    für Harzkörper . . . . 7 u. 8
Versüsster Salpetergeist 108
Vorwort . . . . 3—4

Wacholdermus n. d. D. A. IV. 196
Wachs, gelbes . . . . 134—137
    ,,   Japan- 132
    ,,   weisses 134
Wachse . . . . 132—137
    ,,   Pflanzen- 132
    ,,   Tier- . . . . 133—137
Waller'sche Hübl- — Jodlösung 14
Wasserfreies Wollfett 133
Wässeriges Baldrianextrakt 163
    ,,   Chinaextrakt n. d. D. A. IV. 160
    ,,   Süssholzextrakt 162
Weingeist, Absoluter Alkohol, Alkohol und 29
Weinhefedestillat 137
Weinige Rhabarbertinktur n. d. D. A. IV. 198
Weisse Quecksilbersalbe, konzentrierte 199
    ,,   Wilburine 104
Weisser Meliszucker . . . . 139—140
    ,,   Quecksilberpräzipitat 83
Weisses Ceresin 100
    ,,   Paraffinöl und Vaselinöl 103
    ,,   Wachs 134
    ,,   rohes Olein 69
    ,,   Seifenpflaster n. d. D. A. IV. in Stengeln 154
Weiwers, Jodzahl-Bestimmungsapparat von 65
Weizenstärke 30
Wermutextrakt, wässeriges, dickes 159
    ,,   -tinktur n. d. D. A. IV. 197
Wilburine, gelb und weiss 104
Wismutnitrat, basisches 54
    ,,   -salbe, konzentrierte 199
Wollfett, wasserfreies, reines n. d. D. A. IV. u. technisches . . 133
Wollny's Zahl, Definition der — für Fette, Öle und andere Körper 9
Wurzeln . . . . 124—129
Wurzelstöcke . . . . 130—131

Zahlen-Konstanten, Definitionen und Abkürzungen der wichtigsten
    analytischen . . . . 7—9
Zehnfacher Eisenjodürsirup 194
    ,,   Eisenzuckersirup 195
    ,,   Meerzwiebelhonig 188
Zimmtrinde 121
Zinkpaste, Form. mag. Berol., n. Lassar und n. Unna 189
Zinksalbe, konzentrierte — a, b u. c. 200

Seite

Zucker . . . . 139—140
  ,,   -arten . . . . 138—142
  ,,   Eisen- — n. d. D. A. IV. u. 10 %iger 168
  ,,   ,, Mangan- —, flüssiger und trockener 169
  ,,   gelber Farin 141
  ,,   Mangan- 169
  ,,   Melis-, weisser . . . . 139—140
  ,,   Milch- 141
  ,,   Puder- 142
  ,,   -haltiges Ferrokarbonat n. d. D. A. IV. 168
  ,,   -Reagenspapier 148
Zur Bestimmung der Alkaloide im Extractum Belladonnae und
    Hyoscyami siccum . . . . 166—167
Zusammengesetzte Chinatinktur n. d. D. A. IV. 197
    ,,   Schwefelsalbe, konzentrierte 200
Zusammengesetztes Bleipflaster, n. d. D. A. IV. in Masse und in
    Stengeln 154
    ,,   Tamarindenextrakt 163